공부 습관과 집중력을 길러 주는
단계별 계산력 향상 프로그램

비타민✳
계산법

소담 주니어

공부 습관과 집중력을 길러 주는
단계별 계산력 향상 프로그램

비타민 *
계산법

2009년 1월 2일 초판 1쇄 펴냄

펴낸곳 | ㈜ 꿈소담이
펴낸이 | 김숙희
지은이 | 영재들의 창의학교

주소 | 136-023 서울특별시 성북구 성북동 1가 115-24 4층
전화 | 762-8566
팩스 | 762-8567
등록번호 | 제6-473호(2002년 9월 3일)

홈페이지 | www.dreamsodam.co.kr
전자우편 | isodam@dreamsodam.co.kr

● 책값은 뒤표지에 있습니다.

COVER DESIGN **THANKYOUMOTHER**

비타민 계산법만의 특별한 비밀

✱ **공부의 기초가 튼튼해져요**

계산은 수학의 세계로 들어가는 관문입니다. 기초 계산 능력을 향상시킴으로써 숫자에 대한 감각을 익히고, 수학 공부의 기초를 튼튼히 할 수 있습니다. 그리고 수학은 논리적이고 합리적인 사고력과 문제 해결력을 길러 주는 학문이어서, 모든 학문에 기초 지식을 제공합니다. 수학 기초가 튼튼한 아이는 모든 공부를 쉽게 할 수 있습니다.

✱ **숫자에 대한 감각을 익히고 두뇌를 발달시켜요**

계산은 아이의 뇌를 자극하여 두뇌를 발달시킵니다. 그리고 반복적으로 충분히 연습하다 보면 아이 스스로 숫자에 대한 감각을 익히고 계산의 논리를 깨우치게 됩니다. 공부는 누구나 익힐 수 있는 기술입니다. 공부를 잘하는 아이는 머리가 좋아서가 아니라 공부하는 기술을 터득한 것입니다.

✱ **집중력이 향상되어 공부 습관이 길러져요**

시간을 재면서 문제를 풀다 보면 아이가 긴장하여 집중력이 생기고 학습 의욕이 생깁니다. 학습 의욕은 공부 습관으로 이어져 매일 조금씩 공부를 하다 보면 올바른 학습 습관을 형성하게 되고, 다른 공부까지 잘할 수 있는 학습 전이 현상을 경험할 수 있습니다.

✱ **성취감을 느껴 공부가 재미있어요**

하루하루 늘어 가는 실력에 아이 스스로 놀라게 되고, 성취감을 맛본 아이는 공부에 재미를 느끼게 됩니다. 많은 문제를 경험하면서 자신감이 생긴 아이는 학습 의욕이 생겨, 공부하라고 다그치지 않아도 스스로 공부하는 아이가 됩니다.

✱ **단계별 학습으로 실력이 느는 게 보여요**

『비타민 계산법』은 유아수학을 1~20단계, 초등수학을 21~120단계로 구성, 단계별로 완성도 있는 학습이 되도록 체계적으로 구성되어 있습니다. 단계에 따라 구체적인 학습 목표가 제시되어 있으며, 각 단계마다 10회의 반복 학습으로 충분히 연습할 수 있습니다. 기초-실력-완성편으로 구성된 학습을 하다 보면 점진적으로 실력을 향상시킬 수 있습니다.

비타민 계산법 ^{100%}✓ 활용법– 이렇게 지도해 주세요

1 능력에 맞는 단계에서 시작해 주세요

『비타민 계산법』은 실력에 따라 단계별로 구성된 교재입니다. 학년이나 나이와 상관없이 아이가 쉽게 느끼며 풀 수 있는 단계에서 시작해야 합니다. 그래야 아이가 공부에 대해 성취감과 자신감을 갖게 됩니다.

2 규칙적으로 꾸준히 공부할 수 있도록 해 주세요

단 10분이라도 매일 꾸준히 정해진 분량을 풀 수 있도록 지도해 주세요. 규칙적으로, 하루도 빠짐없이 공부하는 것이 중요합니다. 그래야 올바른 공부 습관을 몸에 익힐 수 있습니다.

3 계산 원리를 이해한 후 문제를 풀 수 있도록 해 주세요

기초적인 원리를 터득해야 논리적이고 합리적인 사고력을 기를 수 있습니다. 기초 원리를 이해하지 못한 채 기계적으로 문제를 풀다 보면, 응용된 문제를 만났을 경우 아이가 무척 어려워합니다. 계산이 느리고 집중력이 떨어지는 아이도 원리를 이해하면 학습에 흥미를 느끼게 됩니다.

4 완전 학습이 되도록 해 주세요

아이가 완전히 이해한 후 다음 단계로 넘어가 주세요. 능력에 맞는 학습 분량과 학습 시간을 체크해 가면서 학습 목표를 100% 달성하는 것이 중요합니다. 정답 확인을 하면서 내 아이에게 부족한 것이 무엇인지 꼼꼼히 체크해 보고, 주어진 학습 목표를 완전히 이해했는지 확인한 후 차근차근 다음 단계로 넘어가 주세요.

5 정해진 시간에 정해진 분량을 풀 수 있도록 지도해 주세요

시간을 재가면서 문제를 풀어야 정확성과 함께 속도 훈련을 할 수 있습니다. 문제를 빨리 풀면서 또한 정확하게 풀 수 있도록 반복적으로 학습시켜 주세요.

6 풀이 과정을 정확하게 적도록 해 주세요

계산 원리를 제대로 이해했는지 알 수 있도록 해 주는 것이 풀이 과정입니다. 어디를 모르는지, 어디서 잘못 풀었는지 알기 위해서는 풀이 과정을 지우지 말고 그대로 두어야 합니다. 아이가 틀리는 문제의 풀이 과정을 꼼꼼하게 살핀 후 부족한 부분을 지도해 주세요.

7 아이에게 칭찬과 격려를 해 주세요

아이가 조금 부족하더라도 칭찬과 격려를 해 주세요. 자신감이 생겨야 공부에 재미를 느끼게 되고, 성취감을 느끼게 됩니다.

비타민 계산법 시리즈
전 12권의 차례

비타민A 계산법
유아수학 계산법

비타민B 계산법
초등수학 계산법

비타민 계산법 시리즈 전 12권의 차례

비타민D 계산법
초등수학 계산법

비타민 계산법 시리즈 전 12권의 차례

101단계

■ 학습 일정 관리표

	공부한 날	정답수	오답수	소요시간	표준완성시간
101-01호				분 초	
101-02호				분 초	
101-03호				분 초	
101-04호				분 초	1,2학년 : 정답중심
101-05호				분 초	3,4학년 : 정답중심
101-06호				분 초	
101-07호				분 초	5,6학년 : 7분이내
101-08호				분 초	
101-09호				분 초	
101-10호				분 초	

분모가 다른 분수의 덧셈을 하기 위해서는 먼저 최소공배수를 알아 통분해야 합니다.

⊙ 진분수끼리의 덧셈

❶ $\dfrac{7}{8} + \dfrac{1}{20}$

$$2 \overline{)\, 8 \quad 20}$$
$$2 \overline{)\, 4 \quad 10}$$
$$\quad\; 2 \quad 5$$
$$2 \times 2 \times 2 \times 5 = 40$$

❶ 덧셈을 하기 위해 먼저 분모를 통분합니다.

8과 20을 통분하기 위해서는 두 수의 최소공배수를 알아야 합니다.

두 수의 최소공배수를 구해보면 그 수는 40입니다.

❷ $\dfrac{7 \times 5}{8 \times 5} + \dfrac{1 \times 2}{20 \times 2}$

❷ 두 분수의 분모를 40으로 통분합니다.

이를 위해서 $\dfrac{7}{8}$ 의 분자 · 분모에 각각 5를,

$\dfrac{1}{20}$ 의 분자 · 분모에 각각 2를 곱해줍니다.

❸ $\dfrac{35}{40} + \dfrac{2}{40} = \dfrac{37}{40}$

❸ 분모가 같아진 두 분수를 더해줍니다.

답은 $\dfrac{37}{40}$ 입니다.

- 두 분모의 공약수가 1뿐인 경우 두 수의 곱이 최소공배수가 됩니다.
- 두 분모가 서로 배수 관계인 경우 큰 수가 최소공배수가 됩니다.

지도내용 앞 단계에서 배운 최소공배수 구하는 법과 약분 방법을 숙지하고 있어야 해결할 수 있는 단계입니다. 연습이 충분하지 않다면 앞 단계로 돌아가 충분한 연습이 이루어지도록 합니다.

분모가 다른 분수의 덧셈 1
(진분수 + 진분수)

분   초
/18

■ 다음 분수의 덧셈을 하시오. 답은 약분해서 씁니다.

① $\dfrac{1}{3} + \dfrac{1}{2} =$

② $\dfrac{1}{5} + \dfrac{1}{7} =$

③ $\dfrac{1}{3} + \dfrac{1}{8} =$

④ $\dfrac{1}{3} + \dfrac{1}{16} =$

⑤ $\dfrac{2}{5} + \dfrac{1}{15} =$

⑥ $\dfrac{5}{13} + \dfrac{1}{65} =$

⑦ $\dfrac{1}{10} + \dfrac{1}{15} =$

⑧ $\dfrac{1}{14} + \dfrac{7}{28} =$

⑨ $\dfrac{3}{8} + \dfrac{1}{16} =$

⑩ $\dfrac{1}{2} + \dfrac{1}{7} =$

⑪ $\dfrac{2}{5} + \dfrac{3}{7} =$

⑫ $\dfrac{1}{2} + \dfrac{1}{6} =$

⑬ $\dfrac{1}{4} + \dfrac{1}{8} =$

⑭ $\dfrac{1}{10} + \dfrac{1}{30} =$

⑮ $\dfrac{1}{4} + \dfrac{1}{11} =$

⑯ $\dfrac{3}{8} + \dfrac{1}{10} =$

⑰ $\dfrac{1}{12} + \dfrac{1}{36} =$

⑱ $\dfrac{1}{12} + \dfrac{1}{20} =$

분모가 다른 분수의 덧셈 1
(진분수 + 진분수)

분   초
/18

■ 다음 분수의 덧셈을 하시오. 답은 약분해서 씁니다.

① $\dfrac{1}{4} + \dfrac{1}{5} =$

② $\dfrac{1}{3} + \dfrac{2}{7} =$

③ $\dfrac{1}{4} + \dfrac{1}{9} =$

④ $\dfrac{1}{5} + \dfrac{2}{7} =$

⑤ $\dfrac{1}{5} + \dfrac{2}{17} =$

⑥ $\dfrac{1}{12} + \dfrac{1}{18} =$

⑦ $\dfrac{5}{13} + \dfrac{1}{65} =$

⑧ $\dfrac{1}{13} + \dfrac{1}{52} =$

⑨ $\dfrac{1}{16} + \dfrac{1}{24} =$

⑩ $\dfrac{1}{2} + \dfrac{1}{9} =$

⑪ $\dfrac{1}{5} + \dfrac{1}{6} =$

⑫ $\dfrac{2}{9} + \dfrac{1}{18} =$

⑬ $\dfrac{1}{2} + \dfrac{3}{13} =$

⑭ $\dfrac{1}{10} + \dfrac{1}{15} =$

⑮ $\dfrac{1}{8} + \dfrac{1}{28} =$

⑯ $\dfrac{1}{16} + \dfrac{3}{32} =$

⑰ $\dfrac{1}{11} + \dfrac{1}{66} =$

⑱ $\dfrac{1}{18} + \dfrac{1}{27} =$

분모가 다른 분수의 덧셈 1
(진분수 + 진분수)

■ 다음 분수의 덧셈을 하시오. 답은 약분해서 씁니다.

① $\dfrac{1}{2} + \dfrac{1}{5} =$

② $\dfrac{1}{5} + \dfrac{1}{6} =$

③ $\dfrac{1}{4} + \dfrac{1}{6} =$

④ $\dfrac{1}{5} + \dfrac{3}{17} =$

⑤ $\dfrac{1}{11} + \dfrac{1}{22} =$

⑥ $\dfrac{1}{12} + \dfrac{2}{15} =$

⑦ $\dfrac{7}{15} + \dfrac{1}{25} =$

⑧ $\dfrac{1}{12} + \dfrac{1}{18} =$

⑨ $\dfrac{1}{3} + \dfrac{5}{17} =$

⑩ $\dfrac{1}{3} + \dfrac{2}{9} =$

⑪ $\dfrac{1}{4} + \dfrac{1}{10} =$

⑫ $\dfrac{1}{2} + \dfrac{2}{9} =$

⑬ $\dfrac{1}{8} + \dfrac{1}{18} =$

⑭ $\dfrac{1}{10} + \dfrac{1}{30} =$

⑮ $\dfrac{1}{4} + \dfrac{3}{10} =$

⑯ $\dfrac{1}{15} + \dfrac{1}{18} =$

⑰ $\dfrac{1}{48} + \dfrac{1}{6} =$

⑱ $\dfrac{1}{24} + \dfrac{3}{32} =$

분모가 다른 분수의 덧셈 1
(진분수 + 진분수)

분   초

/18

■ 다음 분수의 덧셈을 하시오. 답은 약분해서 씁니다.

① $\dfrac{1}{2} + \dfrac{2}{5} =$

⑩ $\dfrac{1}{3} + \dfrac{1}{6} =$

② $\dfrac{1}{4} + \dfrac{1}{10} =$

⑪ $\dfrac{1}{6} + \dfrac{3}{8} =$

③ $\dfrac{3}{8} + \dfrac{1}{9} =$

⑫ $\dfrac{1}{4} + \dfrac{1}{6} =$

④ $\dfrac{1}{6} + \dfrac{1}{15} =$

⑬ $\dfrac{2}{15} + \dfrac{1}{18} =$

⑤ $\dfrac{1}{12} + \dfrac{1}{30} =$

⑭ $\dfrac{1}{4} + \dfrac{1}{18} =$

⑥ $\dfrac{1}{18} + \dfrac{1}{36} =$

⑮ $\dfrac{3}{8} + \dfrac{1}{16} =$

⑦ $\dfrac{1}{12} + \dfrac{3}{32} =$

⑯ $\dfrac{2}{13} + \dfrac{1}{78} =$

⑧ $\dfrac{1}{10} + \dfrac{1}{12} =$

⑰ $\dfrac{1}{3} + \dfrac{2}{17} =$

⑨ $\dfrac{3}{10} + \dfrac{4}{25} =$

⑱ $\dfrac{1}{14} + \dfrac{4}{49} =$

분모가 다른 분수의 덧셈 1
(진분수 + 진분수)

분　　　초
/18

■ 다음 분수의 덧셈을 하시오. 답은 약분해서 씁니다.

① $\dfrac{1}{3} + \dfrac{1}{4} =$

② $\dfrac{2}{5} + \dfrac{1}{8} =$

③ $\dfrac{1}{5} + \dfrac{2}{15} =$

④ $\dfrac{1}{6} + \dfrac{4}{15} =$

⑤ $\dfrac{1}{12} + \dfrac{1}{18} =$

⑥ $\dfrac{1}{12} + \dfrac{1}{42} =$

⑦ $\dfrac{3}{16} + \dfrac{1}{24} =$

⑧ $\dfrac{1}{3} + \dfrac{5}{17} =$

⑨ $\dfrac{1}{12} + \dfrac{1}{20} =$

⑩ $\dfrac{1}{3} + \dfrac{2}{7} =$

⑪ $\dfrac{1}{2} + \dfrac{2}{5} =$

⑫ $\dfrac{1}{6} + \dfrac{5}{18} =$

⑬ $\dfrac{2}{9} + \dfrac{2}{27} =$

⑭ $\dfrac{1}{5} + \dfrac{4}{35} =$

⑮ $\dfrac{3}{8} + \dfrac{1}{18} =$

⑯ $\dfrac{5}{16} + \dfrac{1}{32} =$

⑰ $\dfrac{1}{18} + \dfrac{1}{27} =$

⑱ $\dfrac{1}{13} + \dfrac{1}{65} =$

■ 다음 분수의 덧셈을 하시오. 답은 약분해서 씁니다.

① $\dfrac{1}{3} + \dfrac{1}{5} =$

② $\dfrac{1}{2} + \dfrac{2}{9} =$

③ $\dfrac{1}{6} + \dfrac{5}{18} =$

④ $\dfrac{1}{8} + \dfrac{1}{12} =$

⑤ $\dfrac{3}{8} + \dfrac{3}{10} =$

⑥ $\dfrac{1}{12} + \dfrac{1}{42} =$

⑦ $\dfrac{1}{16} + \dfrac{1}{40} =$

⑧ $\dfrac{1}{13} + \dfrac{2}{91} =$

⑨ $\dfrac{1}{13} + \dfrac{1}{26} =$

⑩ $\dfrac{1}{3} + \dfrac{1}{10} =$

⑪ $\dfrac{1}{4} + \dfrac{3}{14} =$

⑫ $\dfrac{1}{5} + \dfrac{1}{16} =$

⑬ $\dfrac{2}{9} + \dfrac{1}{21} =$

⑭ $\dfrac{1}{3} + \dfrac{1}{13} =$

⑮ $\dfrac{1}{14} + \dfrac{1}{49} =$

⑯ $\dfrac{1}{18} + \dfrac{1}{30} =$

⑰ $\dfrac{1}{18} + \dfrac{1}{24} =$

⑱ $\dfrac{3}{14} + \dfrac{2}{21} =$

■ 다음 분수의 덧셈을 하시오. 답은 약분해서 씁니다.

① $\dfrac{1}{3} + \dfrac{1}{4} =$

② $\dfrac{1}{5} + \dfrac{1}{12} =$

③ $\dfrac{1}{4} + \dfrac{1}{6} =$

④ $\dfrac{2}{5} + \dfrac{5}{17} =$

⑤ $\dfrac{1}{10} + \dfrac{5}{12} =$

⑥ $\dfrac{4}{13} + \dfrac{1}{91} =$

⑦ $\dfrac{7}{18} + \dfrac{1}{36} =$

⑧ $\dfrac{3}{8} + \dfrac{1}{20} =$

⑨ $\dfrac{1}{14} + \dfrac{1}{42} =$

⑩ $\dfrac{1}{2} + \dfrac{3}{8} =$

⑪ $\dfrac{1}{4} + \dfrac{3}{10} =$

⑫ $\dfrac{1}{12} + \dfrac{5}{16} =$

⑬ $\dfrac{1}{3} + \dfrac{1}{14} =$

⑭ $\dfrac{1}{12} + \dfrac{1}{18} =$

⑮ $\dfrac{2}{9} + \dfrac{1}{15} =$

⑯ $\dfrac{1}{15} + \dfrac{10}{20} =$

⑰ $\dfrac{1}{14} + \dfrac{2}{35} =$

⑱ $\dfrac{1}{18} + \dfrac{1}{45} =$

분모가 다른 분수의 덧셈 1
(진분수 + 진분수)

분   초

/18

■ 다음 분수의 덧셈을 하시오. 답은 약분해서 씁니다.

① $\dfrac{1}{6} + \dfrac{1}{10} =$

② $\dfrac{2}{5} + \dfrac{4}{9} =$

③ $\dfrac{1}{3} + \dfrac{2}{7} =$

④ $\dfrac{1}{5} + \dfrac{4}{13} =$

⑤ $\dfrac{1}{10} + \dfrac{1}{30} =$

⑥ $\dfrac{1}{5} + \dfrac{5}{17} =$

⑦ $\dfrac{3}{16} + \dfrac{13}{40} =$

⑧ $\dfrac{7}{18} + \dfrac{1}{54} =$

⑨ $\dfrac{6}{13} + \dfrac{1}{39} =$

⑩ $\dfrac{1}{5} + \dfrac{11}{25} =$

⑪ $\dfrac{1}{4} + \dfrac{3}{16} =$

⑫ $\dfrac{3}{8} + \dfrac{1}{28} =$

⑬ $\dfrac{1}{4} + \dfrac{5}{11} =$

⑭ $\dfrac{1}{12} + \dfrac{13}{36} =$

⑮ $\dfrac{5}{16} + \dfrac{1}{24} =$

⑯ $\dfrac{4}{9} + \dfrac{6}{21} =$

⑰ $\dfrac{5}{11} + \dfrac{7}{22} =$

⑱ $\dfrac{1}{26} + \dfrac{4}{39} =$

■ 다음 분수의 덧셈을 하시오. 답은 약분해서 씁니다.

① $\dfrac{1}{3} + \dfrac{2}{7} =$

② $\dfrac{1}{3} + \dfrac{1}{16} =$

③ $\dfrac{1}{12} + \dfrac{5}{28} =$

④ $\dfrac{3}{14} + \dfrac{4}{35} =$

⑤ $\dfrac{5}{18} + \dfrac{7}{30} =$

⑥ $\dfrac{1}{16} + \dfrac{13}{40} =$

⑦ $\dfrac{1}{22} + \dfrac{1}{33} =$

⑧ $\dfrac{1}{12} + \dfrac{5}{42} =$

⑨ $\dfrac{2}{15} + \dfrac{9}{25} =$

⑩ $\dfrac{2}{5} + \dfrac{3}{8} =$

⑪ $\dfrac{3}{10} + \dfrac{1}{12} =$

⑫ $\dfrac{1}{12} + \dfrac{5}{16} =$

⑬ $\dfrac{1}{18} + \dfrac{5}{36} =$

⑭ $\dfrac{4}{13} + \dfrac{1}{78} =$

⑮ $\dfrac{11}{26} + \dfrac{7}{39} =$

⑯ $\dfrac{1}{4} + \dfrac{2}{19} =$

⑰ $\dfrac{3}{8} + \dfrac{1}{32} =$

⑱ $\dfrac{6}{13} + \dfrac{1}{65} =$

분모가 다른 분수의 덧셈 1
(진분수 + 진분수)

분　　　초
/18

■ 다음 분수의 덧셈을 하시오. 답은 약분해서 씁니다.

① $\dfrac{1}{5} + \dfrac{4}{9} =$

② $\dfrac{3}{8} + \dfrac{3}{10} =$

③ $\dfrac{1}{4} + \dfrac{6}{17} =$

④ $\dfrac{1}{4} + \dfrac{5}{11} =$

⑤ $\dfrac{5}{18} + \dfrac{7}{30} =$

⑥ $\dfrac{6}{13} + \dfrac{1}{65} =$

⑦ $\dfrac{10}{21} + \dfrac{1}{28} =$

⑧ $\dfrac{7}{18} + \dfrac{1}{36} =$

⑨ $\dfrac{3}{16} + \dfrac{7}{24} =$

⑩ $\dfrac{1}{5} + \dfrac{4}{15} =$

⑪ $\dfrac{1}{2} + \dfrac{6}{13} =$

⑫ $\dfrac{3}{8} + \dfrac{1}{28} =$

⑬ $\dfrac{2}{9} + \dfrac{5}{12} =$

⑭ $\dfrac{3}{14} + \dfrac{1}{42} =$

⑮ $\dfrac{3}{16} + \dfrac{7}{40} =$

⑯ $\dfrac{1}{18} + \dfrac{4}{27} =$

⑰ $\dfrac{7}{15} + \dfrac{1}{18} =$

⑱ $\dfrac{1}{12} + \dfrac{7}{20} =$

102 단계

교재 번호 : 102:01~102:10

■ 학습 일정 관리표

	공부한 날	정답수	오답수	소요시간	표준완성시간
102-01호				분 초	
102-02호				분 초	
102-03호				분 초	
102-04호				분 초	1,2학년 : 정답중심
102-05호				분 초	
102-06호				분 초	3,4학년 : 정답중심
102-07호				분 초	5,6학년 : 7분이내
102-08호				분 초	
102-09호				분 초	
102-10호				분 초	

이번 단계는 분모가 다른 대분수와 진분수의 덧셈을 공부합니다. 앞에서 배운 연산법에 자연수와 분수를 분리하는 과정이 추가된 내용입니다.

⦿ 대분수와 진분수의 덧셈

❶ $2\dfrac{3}{4} + \dfrac{4}{5} = 2 + \dfrac{3}{4} + \dfrac{4}{5}$

❶ 통분하기 전, 먼저 자연수와 분수를 분리합니다.

❷ $2 + \dfrac{3\times5}{4\times5} + \dfrac{4\times4}{5\times4}$

❷ 분수끼리 분모를 통분해 줍니다.

4와 5의 최소공배수는 20이므로 $\dfrac{3}{4}$ 의 분자 · 분모에 각각 5를, $\dfrac{4}{5}$ 의 분자 · 분모에 각각 4를 곱해줍니다.

❸ $2 + \dfrac{15}{20} + \dfrac{16}{20} = 2 + \dfrac{31}{20}$

❸ 통분한 분수끼리 더해줍니다.

❹ $2 + \dfrac{31}{20} = 2 + 1\dfrac{11}{20} = 3\dfrac{11}{20}$

❹ 가분수를 대분수로 고쳐줍니다.

자연수 부분끼리 더해 답을 냅니다.

답은 $3\dfrac{11}{20}$ 입니다.

◎ 분모가 다른 대분수의 덧셈

① 분모의 최소공배수로 통분
② 자연수는 자연수끼리, 진분수는 진분수끼리 덧셈
③ 약분이 되면 약분하기
④ 답이 가분수이면 대분수로 고쳐주기

지도내용 자연수와 분수를 분리하는 것과, 가분수를 대분수로 고쳐 자연수끼리 더하는 과정에 익숙해질 수 있도록 지도해 주세요.

분모가 다른 분수의 덧셈 2
(대분수 + 진분수)

분   초

/16

■ 다음 분수의 덧셈을 하시오. 답은 약분해서 씁니다.

① $1\dfrac{1}{3} + \dfrac{1}{4} =$

② $1\dfrac{1}{3} + \dfrac{2}{5} =$

③ $1\dfrac{1}{2} + \dfrac{1}{5} =$

④ $2\dfrac{1}{6} + \dfrac{2}{8} =$

⑤ $1\dfrac{2}{8} + \dfrac{3}{16} =$

⑥ $3\dfrac{1}{8} + \dfrac{2}{28} =$

⑦ $4\dfrac{2}{13} + \dfrac{1}{26} =$

⑧ $3\dfrac{1}{2} + \dfrac{3}{16} =$

⑨ $1\dfrac{1}{2} + \dfrac{1}{3} =$

⑩ $1\dfrac{2}{6} + \dfrac{1}{9} =$

⑪ $1\dfrac{3}{5} + \dfrac{1}{7} =$

⑫ $2\dfrac{2}{3} + \dfrac{1}{10} =$

⑬ $2\dfrac{1}{3} + \dfrac{4}{16} =$

⑭ $3\dfrac{1}{5} + \dfrac{14}{15} =$

⑮ $5\dfrac{1}{15} + \dfrac{3}{25} =$

⑯ $7\dfrac{1}{18} + \dfrac{34}{36} =$

분모가 다른 분수의 덧셈 2
(대분수 + 진분수)

분   초

/16

■ 다음 분수의 덧셈을 하시오. 답은 약분해서 씁니다.

① $1\dfrac{1}{2} + \dfrac{1}{7} =$

② $2\dfrac{1}{6} + \dfrac{2}{9} =$

③ $3\dfrac{1}{4} + \dfrac{1}{9} =$

④ $2\dfrac{1}{5} + \dfrac{1}{12} =$

⑤ $3\dfrac{2}{4} + \dfrac{1}{10} =$

⑥ $4\dfrac{1}{6} + \dfrac{2}{12} =$

⑦ $2\dfrac{1}{3} + \dfrac{3}{14} =$

⑧ $4\dfrac{1}{5} + \dfrac{2}{17} =$

⑨ $1\dfrac{1}{3} + \dfrac{1}{4} =$

⑩ $2\dfrac{1}{5} + \dfrac{2}{8} =$

⑪ $3\dfrac{1}{8} + \dfrac{2}{9} =$

⑫ $2\dfrac{1}{3} + \dfrac{14}{15} =$

⑬ $3\dfrac{1}{9} + \dfrac{2}{21} =$

⑭ $5\dfrac{1}{2} + \dfrac{4}{13} =$

⑮ $3\dfrac{1}{8} + \dfrac{15}{16} =$

⑯ $7\dfrac{1}{3} + \dfrac{5}{17} =$

분모가 다른 분수의 덧셈 2
(대분수 + 진분수)

분   초
/16

■ 다음 분수의 덧셈을 하시오. 답은 약분해서 씁니다.

① $1\dfrac{1}{3} + \dfrac{1}{2} =$

② $2\dfrac{1}{5} + \dfrac{2}{7} =$

③ $3\dfrac{1}{2} + \dfrac{2}{9} =$

④ $3\dfrac{1}{2} + \dfrac{2}{14} =$

⑤ $4\dfrac{2}{4} + \dfrac{15}{16} =$

⑥ $3\dfrac{2}{4} + \dfrac{1}{19} =$

⑦ $4\dfrac{1}{10} + \dfrac{3}{15} =$

⑧ $2\dfrac{1}{14} + \dfrac{27}{28} =$

⑨ $1\dfrac{1}{4} + \dfrac{1}{9} =$

⑩ $2\dfrac{1}{3} + \dfrac{1}{8} =$

⑪ $4\dfrac{1}{3} + \dfrac{3}{10} =$

⑫ $4\dfrac{1}{5} + \dfrac{1}{17} =$

⑬ $2\dfrac{1}{9} + \dfrac{3}{21} =$

⑭ $5\dfrac{2}{8} + \dfrac{1}{28} =$

⑮ $3\dfrac{1}{16} + \dfrac{4}{24} =$

⑯ $5\dfrac{1}{12} + \dfrac{3}{18} =$

분모가 다른 분수의 덧셈 2
(대분수 + 진분수)

■ 다음 분수의 덧셈을 하시오. 답은 약분해서 씁니다.

① $1\dfrac{1}{5} + \dfrac{1}{8} =$

② $3\dfrac{1}{4} + \dfrac{2}{6} =$

③ $2\dfrac{1}{3} + \dfrac{2}{7} =$

④ $3\dfrac{1}{5} + \dfrac{1}{15} =$

⑤ $4\dfrac{1}{9} + \dfrac{17}{18} =$

⑥ $5\dfrac{1}{5} + \dfrac{3}{17} =$

⑦ $4\dfrac{1}{10} + \dfrac{2}{12} =$

⑧ $3\dfrac{3}{16} + \dfrac{5}{24} =$

⑨ $1\dfrac{1}{3} + \dfrac{1}{4} =$

⑩ $2\dfrac{1}{5} + \dfrac{1}{9} =$

⑪ $3\dfrac{2}{4} + \dfrac{1}{5} =$

⑫ $1\dfrac{2}{8} + \dfrac{2}{18} =$

⑬ $4\dfrac{2}{6} + \dfrac{1}{10} =$

⑭ $2\dfrac{1}{4} + \dfrac{2}{11} =$

⑮ $3\dfrac{1}{11} + \dfrac{18}{22} =$

⑯ $4\dfrac{5}{13} + \dfrac{37}{39} =$

비타민 D

102-05

분모가 다른 분수의 덧셈 2
(대분수 + 진분수)

분 　　초

/16

■ 다음 분수의 덧셈을 하시오. 답은 약분해서 씁니다.

① $1\dfrac{1}{3} + \dfrac{1}{4} =$

② $1\dfrac{2}{4} + \dfrac{2}{6} =$

③ $2\dfrac{1}{2} + \dfrac{3}{13} =$

④ $3\dfrac{1}{4} + \dfrac{2}{19} =$

⑤ $4\dfrac{1}{4} + \dfrac{7}{11} =$

⑥ $5\dfrac{1}{16} + \dfrac{3}{24} =$

⑦ $7\dfrac{1}{12} + \dfrac{5}{18} =$

⑧ $3\dfrac{1}{10} + \dfrac{25}{30} =$

⑨ $1\dfrac{1}{5} + \dfrac{1}{7} =$

⑩ $1\dfrac{1}{2} + \dfrac{7}{8} =$

⑪ $1\dfrac{1}{5} + \dfrac{14}{15} =$

⑫ $3\dfrac{1}{9} + \dfrac{3}{12} =$

⑬ $5\dfrac{3}{8} + \dfrac{2}{28} =$

⑭ $4\dfrac{1}{6} + \dfrac{6}{15} =$

⑮ $3\dfrac{2}{10} + \dfrac{1}{15} =$

⑯ $5\dfrac{1}{8} + \dfrac{4}{16} =$

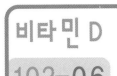

분모가 다른 분수의 덧셈 2
(대분수 + 진분수)

분   초
/16

■ 다음 분수의 덧셈을 하시오. 답은 약분해서 씁니다.

① $1\dfrac{1}{5} + \dfrac{1}{6} =$

② $3\dfrac{1}{4} + \dfrac{2}{9} =$

③ $2\dfrac{1}{6} + \dfrac{3}{8} =$

④ $4\dfrac{2}{5} + \dfrac{1}{12} =$

⑤ $3\dfrac{1}{9} + \dfrac{25}{27} =$

⑥ $3\dfrac{1}{10} + \dfrac{3}{18} =$

⑦ $5\dfrac{1}{3} + \dfrac{4}{17} =$

⑧ $4\dfrac{2}{6} + \dfrac{1}{15} =$

⑨ $1\dfrac{1}{4} + \dfrac{1}{8} =$

⑩ $4\dfrac{1}{3} + \dfrac{3}{8} =$

⑪ $2\dfrac{1}{3} + \dfrac{1}{9} =$

⑫ $1\dfrac{3}{8} + \dfrac{1}{10} =$

⑬ $3\dfrac{1}{8} + \dfrac{63}{64} =$

⑭ $3\dfrac{1}{11} + \dfrac{30}{33} =$

⑮ $2\dfrac{2}{8} + \dfrac{1}{20} =$

⑯ $3\dfrac{3}{7} + \dfrac{5}{63} =$

분모가 다른 분수의 덧셈 2
(대분수 + 진분수)

분   초
/16

■ 다음 분수의 덧셈을 하시오. 답은 약분해서 씁니다.

① $1\dfrac{1}{6} + \dfrac{1}{9} =$

② $1\dfrac{2}{4} + \dfrac{1}{5} =$

③ $3\dfrac{1}{5} + \dfrac{3}{12} =$

④ $5\dfrac{1}{9} + \dfrac{3}{15} =$

⑤ $3\dfrac{1}{6} + \dfrac{1}{15} =$

⑥ $3\dfrac{1}{8} + \dfrac{4}{28} =$

⑦ $2\dfrac{4}{21} + \dfrac{5}{28} =$

⑧ $4\dfrac{2}{16} + \dfrac{3}{32} =$

⑨ $1\dfrac{1}{2} + \dfrac{1}{3} =$

⑩ $1\dfrac{1}{4} + \dfrac{2}{12} =$

⑪ $4\dfrac{1}{4} + \dfrac{2}{14} =$

⑫ $6\dfrac{1}{8} + \dfrac{2}{16} =$

⑬ $2\dfrac{2}{4} + \dfrac{1}{24} =$

⑭ $1\dfrac{3}{6} + \dfrac{20}{48} =$

⑮ $3\dfrac{7}{18} + \dfrac{8}{27} =$

⑯ $3\dfrac{4}{14} + \dfrac{5}{35} =$

분모가 다른 분수의 덧셈 2
(대분수 + 진분수)

분   초

/16

■ 다음 분수의 덧셈을 하시오. 답은 약분해서 씁니다.

① $1\dfrac{1}{4} + \dfrac{1}{6} =$

② $2\dfrac{1}{2} + \dfrac{2}{7} =$

③ $2\dfrac{3}{4} + \dfrac{2}{10} =$

④ $3\dfrac{2}{4} + \dfrac{4}{16} =$

⑤ $3\dfrac{7}{8} + \dfrac{15}{20} =$

⑥ $5\dfrac{3}{6} + \dfrac{7}{16} =$

⑦ $5\dfrac{3}{10} + \dfrac{19}{20} =$

⑧ $4\dfrac{5}{15} + \dfrac{15}{30} =$

⑨ $1\dfrac{1}{3} + \dfrac{1}{5} =$

⑩ $3\dfrac{1}{3} + \dfrac{7}{9} =$

⑪ $4\dfrac{2}{5} + \dfrac{5}{17} =$

⑫ $5\dfrac{2}{5} + \dfrac{20}{25} =$

⑬ $6\dfrac{1}{3} + \dfrac{10}{17} =$

⑭ $6\dfrac{2}{8} + \dfrac{6}{28} =$

⑮ $5\dfrac{2}{11} + \dfrac{30}{33} =$

⑯ $3\dfrac{9}{12} + \dfrac{7}{16} =$

분모가 다른 분수의 덧셈 2
(대분수 + 진분수)

분   초
/16

■ 다음 분수의 덧셈을 하시오. 답은 약분해서 씁니다.

① $1\dfrac{1}{3} + \dfrac{1}{9} =$

② $2\dfrac{1}{4} + \dfrac{3}{7} =$

③ $4\dfrac{1}{2} + \dfrac{5}{11} =$

④ $3\dfrac{1}{3} + \dfrac{5}{16} =$

⑤ $2\dfrac{3}{6} + \dfrac{10}{15} =$

⑥ $4\dfrac{2}{5} + \dfrac{3}{11} =$

⑦ $3\dfrac{1}{14} + \dfrac{3}{35} =$

⑧ $2\dfrac{1}{16} + \dfrac{5}{40} =$

⑨ $1\dfrac{1}{3} + \dfrac{1}{5} =$

⑩ $3\dfrac{1}{3} + \dfrac{5}{8} =$

⑪ $6\dfrac{2}{4} + \dfrac{1}{14} =$

⑫ $4\dfrac{1}{5} + \dfrac{13}{15} =$

⑬ $6\dfrac{1}{5} + \dfrac{8}{17} =$

⑭ $5\dfrac{1}{4} + \dfrac{2}{18} =$

⑮ $2\dfrac{2}{10} + \dfrac{3}{18} =$

⑯ $5\dfrac{2}{6} + \dfrac{4}{16} =$

분모가 다른 분수의 덧셈 2
(대분수 + 진분수)

분   초

/16

■ 다음 분수의 덧셈을 하시오. 답은 약분해서 씁니다.

① $1\dfrac{1}{5} + \dfrac{1}{8} =$

② $2\dfrac{1}{2} + \dfrac{2}{5} =$

③ $1\dfrac{3}{5} + \dfrac{7}{12} =$

④ $4\dfrac{2}{6} + \dfrac{32}{54} =$

⑤ $3\dfrac{1}{5} + \dfrac{34}{35} =$

⑥ $3\dfrac{1}{3} + \dfrac{5}{17} =$

⑦ $2\dfrac{7}{12} + \dfrac{5}{18} =$

⑧ $3\dfrac{5}{11} + \dfrac{30}{33} =$

⑨ $1\dfrac{1}{4} + \dfrac{1}{7} =$

⑩ $3\dfrac{2}{3} + \dfrac{5}{7} =$

⑪ $3\dfrac{2}{8} + \dfrac{10}{18} =$

⑫ $4\dfrac{1}{7} + \dfrac{20}{21} =$

⑬ $4\dfrac{4}{8} + \dfrac{5}{10} =$

⑭ $3\dfrac{2}{5} + \dfrac{10}{16} =$

⑮ $2\dfrac{6}{18} + \dfrac{4}{24} =$

⑯ $2\dfrac{1}{4} + \dfrac{3}{11} =$

■ 학습 일정 관리표

	공부한 날	정답수	오답수	소요시간	표준완성시간
103-01호				분 초	
103-02호				분 초	
103-03호				분 초	
103-04호				분 초	1,2학년 : 정답중심
103-05호				분 초	
103-06호				분 초	3,4학년 : 정답중심
103-07호				분 초	
103-08호				분 초	5,6학년 : 7분이내
103-09호				분 초	
103-10호				분 초	

⊙ 대분수와 진분수의 덧셈

❶ $6\dfrac{4}{6} + \dfrac{3}{15} = 6 + \dfrac{4}{6} + \dfrac{3}{15}$

❶ 자연수와 분수를 분리합니다.

❷ $6 + \dfrac{4\times5}{6\times5} + \dfrac{3\times2}{15\times2}$

❷ 6과 15의 최소공배수는 30이므로 분모를 30으로 통분합니다. $\dfrac{4}{6}$ 의 분자·분모에 각각 5를, $\dfrac{3}{15}$ 의 분자·분모에 각각 2를 곱해 줍니다.

❸ $6 + \dfrac{20}{30} + \dfrac{6}{30}$

❸ 분수끼리 더해줍니다.

❹ $6 + \dfrac{26}{30} = 6\dfrac{26}{30}$

❹ 자연수 부분끼리 더해줍니다. $\dfrac{26}{30}$ 은 1을 넘지 않는 분수이므로 답은 $6\dfrac{26}{30}$ 이고, 약분하면 $6\dfrac{13}{15}$ 입니다.

지도내용 분수를 더한 결과와 자연수를 더하는 과정에서 분수가 1을 넘지 않는 경우, '1을 넘지 않는다'는 개념에 대해 잘 이해할 수 있도록 지도해 주세요.

분모가 다른 분수의 덧셈 2
(대분수 + 진분수)

분   초
/16

■ 다음 분수의 덧셈을 하시오. 답은 약분해서 씁니다.

① $1\dfrac{1}{4} + \dfrac{1}{14} =$

② $2\dfrac{5}{12} + \dfrac{6}{18} =$

③ $2\dfrac{1}{18} + \dfrac{4}{30} =$

④ $2\dfrac{1}{14} + \dfrac{3}{21} =$

⑤ $\dfrac{3}{5} + 5\dfrac{10}{12} =$

⑥ $4\dfrac{11}{18} + \dfrac{32}{36} =$

⑦ $3\dfrac{13}{15} + \dfrac{21}{25} =$

⑧ $4\dfrac{15}{18} + \dfrac{21}{24} =$

⑨ $2\dfrac{1}{5} + \dfrac{1}{12} =$

⑩ $\dfrac{1}{5} + 3\dfrac{1}{13} =$

⑪ $3\dfrac{1}{16} + \dfrac{30}{32} =$

⑫ $3\dfrac{15}{18} + \dfrac{31}{24} =$

⑬ $5\dfrac{11}{12} + \dfrac{15}{20} =$

⑭ $4\dfrac{11}{12} + \dfrac{40}{42} =$

⑮ $\dfrac{6}{8} + 3\dfrac{14}{16} =$

⑯ $5\dfrac{15}{16} + \dfrac{21}{24} =$

분모가 다른 분수의 덧셈 2
(대분수 + 진분수)

분   초
/16

■ 다음 분수의 덧셈을 하시오. 답은 약분해서 씁니다.

① $5\dfrac{2}{6} + \dfrac{14}{16} =$

② $3\dfrac{1}{5} + \dfrac{11}{13} =$

③ $\dfrac{7}{12} + 3\dfrac{15}{30} =$

④ $4\dfrac{10}{14} + \dfrac{36}{49} =$

⑤ $5\dfrac{15}{16} + \dfrac{22}{24} =$

⑥ $\dfrac{53}{55} + 7\dfrac{8}{11} =$

⑦ $3\dfrac{12}{18} + \dfrac{25}{27} =$

⑧ $\dfrac{23}{24} + 4\dfrac{9}{16} =$

⑨ $3\dfrac{2}{4} + \dfrac{12}{14} =$

⑩ $5\dfrac{3}{5} + \dfrac{15}{17} =$

⑪ $6\dfrac{10}{12} + \dfrac{25}{32} =$

⑫ $\dfrac{8}{12} + 4\dfrac{16}{18} =$

⑬ $4\dfrac{24}{26} + \dfrac{30}{39} =$

⑭ $\dfrac{48}{52} + 2\dfrac{7}{13} =$

⑮ $3\dfrac{21}{26} + \dfrac{35}{39} =$

⑯ $\dfrac{12}{15} + 7\dfrac{15}{25} =$

분모가 다른 분수의 덧셈 2
(대분수 + 진분수)

분   초

/16

■ 다음 분수의 덧셈을 하시오. 답은 약분해서 씁니다.

① $4\dfrac{1}{4} + \dfrac{1}{16} =$

② $3\dfrac{8}{12} + \dfrac{12}{15} =$

③ $4\dfrac{10}{12} + \dfrac{41}{42} =$

④ $\dfrac{10}{18} + 3\dfrac{20}{24} =$

⑤ $5\dfrac{7}{14} + \dfrac{18}{21} =$

⑥ $\dfrac{15}{20} + 3\dfrac{20}{24} =$

⑦ $7\dfrac{6}{10} + \dfrac{35}{45} =$

⑧ $6\dfrac{9}{14} + \dfrac{26}{28} =$

⑨ $5\dfrac{1}{3} + \dfrac{1}{16} =$

⑩ $6\dfrac{1}{5} + \dfrac{13}{17} =$

⑪ $5\dfrac{5}{13} + \dfrac{37}{39} =$

⑫ $\dfrac{11}{12} + 7\dfrac{12}{15} =$

⑬ $6\dfrac{14}{16} + \dfrac{31}{32} =$

⑭ $\dfrac{12}{15} + 3\dfrac{6}{20} =$

⑮ $4\dfrac{12}{18} + \dfrac{18}{24} =$

⑯ $5\dfrac{8}{14} + \dfrac{13}{49} =$

분모가 다른 분수의 덧셈 2
(대분수 + 진분수)

분   초
/16

■ 다음 분수의 덧셈을 하시오. 답은 약분해서 씁니다.

① $4\dfrac{5}{9} + \dfrac{12}{21} =$

② $5\dfrac{8}{12} + \dfrac{15}{18} =$

③ $6\dfrac{11}{13} + \dfrac{51}{65} =$

④ $3\dfrac{12}{16} + \dfrac{21}{24} =$

⑤ $\dfrac{2}{5} + 4\dfrac{10}{15} =$

⑥ $\dfrac{55}{66} + 3\dfrac{7}{11} =$

⑦ $\dfrac{7}{26} + 6\dfrac{8}{39} =$

⑧ $\dfrac{9}{12} + 5\dfrac{13}{42} =$

⑨ $6\dfrac{4}{6} + \dfrac{10}{15} =$

⑩ $5\dfrac{15}{18} + \dfrac{20}{24} =$

⑪ $9\dfrac{6}{14} + \dfrac{15}{21} =$

⑫ $7\dfrac{8}{12} + \dfrac{8}{42} =$

⑬ $\dfrac{15}{20} + 3\dfrac{6}{10} =$

⑭ $\dfrac{11}{12} + 3\dfrac{15}{20} =$

⑮ $3\dfrac{12}{14} + \dfrac{27}{49} =$

⑯ $\dfrac{15}{18} + 5\dfrac{12}{30} =$

■ 다음 분수의 덧셈을 하시오. 답은 약분해서 씁니다.

① $7\dfrac{1}{3} + \dfrac{12}{16} =$

② $5\dfrac{8}{10} + \dfrac{12}{15} =$

③ $6\dfrac{5}{8} + \dfrac{21}{24} =$

④ $\dfrac{13}{16} + 9\dfrac{7}{32} =$

⑤ $3\dfrac{14}{18} + \dfrac{35}{36} =$

⑥ $7\dfrac{8}{14} + \dfrac{12}{49} =$

⑦ $\dfrac{15}{18} + 9\dfrac{16}{27} =$

⑧ $\dfrac{12}{14} + 8\dfrac{30}{35} =$

⑨ $5\dfrac{2}{4} + \dfrac{3}{11} =$

⑩ $5\dfrac{2}{10} + \dfrac{27}{30} =$

⑪ $4\dfrac{4}{18} + \dfrac{5}{27} =$

⑫ $\dfrac{8}{10} + 2\dfrac{12}{15} =$

⑬ $5\dfrac{8}{15} + \dfrac{15}{18} =$

⑭ $7\dfrac{8}{10} + \dfrac{47}{50} =$

⑮ $\dfrac{12}{16} + 3\dfrac{21}{24} =$

⑯ $\dfrac{13}{15} + 5\dfrac{29}{30} =$

분모가 다른 분수의 덧셈 2
(대분수 + 진분수)

분   초

/16

■ 다음 분수의 덧셈을 하시오. 답은 약분해서 씁니다.

① $6\dfrac{5}{8} + \dfrac{32}{36} =$

② $5\dfrac{10}{12} + \dfrac{15}{30} =$

③ $\dfrac{8}{10} + 7\dfrac{18}{20} =$

④ $3\dfrac{11}{14} + \dfrac{22}{49} =$

⑤ $\dfrac{8}{12} + 4\dfrac{12}{15} =$

⑥ $4\dfrac{22}{26} + \dfrac{15}{39} =$

⑦ $5\dfrac{15}{18} + \dfrac{35}{45} =$

⑧ $\dfrac{8}{12} + 9\dfrac{14}{16} =$

⑨ $7\dfrac{6}{9} + \dfrac{26}{27} =$

⑩ $6\dfrac{8}{12} + \dfrac{12}{15} =$

⑪ $\dfrac{75}{77} + 3\dfrac{8}{11} =$

⑫ $8\dfrac{8}{12} + \dfrac{12}{42} =$

⑬ $5\dfrac{2}{4} + \dfrac{50}{60} =$

⑭ $4\dfrac{13}{16} + \dfrac{45}{48} =$

⑮ $6\dfrac{15}{18} + \dfrac{21}{24} =$

⑯ $\dfrac{10}{12} + 4\dfrac{15}{20} =$

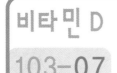 

■ 다음 분수의 덧셈을 하시오. 답은 약분해서 씁니다.

① $4\dfrac{2}{7} + \dfrac{61}{63} =$

② $3\dfrac{2}{4} + \dfrac{7}{13} =$

③ $5\dfrac{13}{16} + \dfrac{31}{32} =$

④ $4\dfrac{11}{13} + \dfrac{62}{65} =$

⑤ $\dfrac{8}{10} + 2\dfrac{18}{20} =$

⑥ $\dfrac{12}{14} + 8\dfrac{15}{21} =$

⑦ $7\dfrac{8}{14} + \dfrac{45}{49} =$

⑧ $\dfrac{7}{10} + 5\dfrac{28}{30} =$

⑨ $3\dfrac{1}{4} + \dfrac{15}{60} =$

⑩ $2\dfrac{8}{12} + \dfrac{9}{18} =$

⑪ $7\dfrac{15}{18} + \dfrac{42}{45} =$

⑫ $6\dfrac{9}{12} + \dfrac{16}{18} =$

⑬ $3\dfrac{13}{18} + \dfrac{42}{45} =$

⑭ $\dfrac{3}{8} + 6\dfrac{39}{40} =$

⑮ $6\dfrac{16}{18} + \dfrac{21}{24} =$

⑯ $\dfrac{9}{10} + 5\dfrac{12}{15} =$

분모가 다른 분수의 덧셈 2
(대분수 + 진분수)

분   초
/16

■ 다음 분수의 덧셈을 하시오. 답은 약분해서 씁니다.

① $5\dfrac{4}{6} + \dfrac{45}{48} =$

⑨ $4\dfrac{6}{9} + \dfrac{35}{36} =$

② $\dfrac{8}{12} + 4\dfrac{12}{15} =$

⑩ $\dfrac{4}{6} + 2\dfrac{11}{15} =$

③ $5\dfrac{7}{15} + \dfrac{16}{18} =$

⑪ $5\dfrac{8}{11} + \dfrac{53}{55} =$

④ $7\dfrac{8}{12} + \dfrac{16}{18} =$

⑫ $4\dfrac{12}{15} + \dfrac{15}{18} =$

⑤ $\dfrac{7}{10} + 5\dfrac{8}{12} =$

⑬ $\dfrac{12}{15} + 3\dfrac{20}{25} =$

⑥ $\dfrac{8}{12} + 3\dfrac{18}{30} =$

⑭ $\dfrac{12}{14} + 4\dfrac{32}{49} =$

⑦ $5\dfrac{8}{11} + \dfrac{21}{22} =$

⑮ $5\dfrac{12}{16} + \dfrac{30}{32} =$

⑧ $6\dfrac{6}{13} + \dfrac{25}{26} =$

⑯ $6\dfrac{10}{12} + \dfrac{12}{15} =$

■ 다음 분수의 덧셈을 하시오. 답은 약분해서 씁니다.

① $5\dfrac{2}{4} + \dfrac{12}{16} =$

② $5\dfrac{13}{14} + \dfrac{24}{35} =$

③ $\dfrac{12}{16} + 4\dfrac{30}{32} =$

④ $5\dfrac{11}{13} + \dfrac{62}{65} =$

⑤ $6\dfrac{18}{26} + \dfrac{35}{39} =$

⑥ $5\dfrac{12}{13} + \dfrac{90}{91} =$

⑦ $\dfrac{12}{15} + 6\dfrac{20}{25} =$

⑧ $\dfrac{9}{16} + 5\dfrac{15}{40} =$

⑨ $6\dfrac{4}{8} + \dfrac{8}{14} =$

⑩ $3\dfrac{12}{16} + \dfrac{22}{24} =$

⑪ $\dfrac{12}{18} + 5\dfrac{18}{27} =$

⑫ $6\dfrac{13}{18} + \dfrac{30}{45} =$

⑬ $7\dfrac{15}{18} + \dfrac{15}{30} =$

⑭ $6\dfrac{12}{26} + \dfrac{32}{39} =$

⑮ $\dfrac{12}{18} + 5\dfrac{15}{30} =$

⑯ $\dfrac{8}{12} + 7\dfrac{12}{32} =$

분모가 다른 분수의 덧셈 2
(대분수 + 진분수)

분   초
/16

■ 다음 분수의 덧셈을 하시오. 답은 약분해서 씁니다.

① $4\dfrac{7}{9} + \dfrac{34}{36} =$

② $5\dfrac{12}{14} + \dfrac{15}{35} =$

③ $6\dfrac{9}{18} + \dfrac{32}{36} =$

④ $4\dfrac{8}{13} + \dfrac{64}{65} =$

⑤ $5\dfrac{18}{22} + \dfrac{20}{33} =$

⑥ $\dfrac{12}{16} + 3\dfrac{32}{40} =$

⑦ $\dfrac{12}{18} + 4\dfrac{15}{27} =$

⑧ $6\dfrac{10}{13} + \dfrac{75}{78} =$

⑨ $5\dfrac{5}{7} + \dfrac{40}{42} =$

⑩ $6\dfrac{11}{13} + \dfrac{72}{78} =$

⑪ $7\dfrac{10}{13} + \dfrac{24}{26} =$

⑫ $6\dfrac{8}{10} + \dfrac{10}{12} =$

⑬ $5\dfrac{8}{10} + \dfrac{9}{16} =$

⑭ $\dfrac{8}{12} + 5\dfrac{20}{32} =$

⑮ $\dfrac{12}{14} + 4\dfrac{30}{35} =$

⑯ $6\dfrac{8}{11} + \dfrac{43}{44} =$

■ 학습 일정 관리표

	공부한 날	정답수	오답수	소요시간	표준완성시간
104-01호				분 초	
104-02호				분 초	
104-03호				분 초	
104-04호				분 초	1,2학년 : 정답중심
104-05호				분 초	
104-06호				분 초	3,4학년 : 정답중심
104-07호				분 초	
104-08호				분 초	5,6학년 : 7분이내
104-09호				분 초	
104-10호				분 초	

앞서 공부한 분모가 다른 분수의 덧셈과 유사한 내용이지만, 두 분수 모두가 대분수라는 차이점입니다.

⊙ **대분수끼리의 덧셈**

❶ $4\dfrac{3}{4} + 3\dfrac{5}{6} = 4 + 3 + \dfrac{3}{4} + \dfrac{5}{6}$

❶ 분수와 자연수를 분리합니다.

❷ $7 + \dfrac{3\times3}{4\times3} + \dfrac{5\times2}{6\times2}$

❷ 자연수끼리 더해주고, 분수끼리 더하기 위해 통분해 줍니다. 4와 6의 최소공배수는 12이므로 $\dfrac{3}{4}$의 분자·분모에 각각 3, $\dfrac{5}{6}$의 분자·분모에 각각 2를 곱합니다.

❸ $7 + \dfrac{9}{12} + \dfrac{10}{12} = 7 + \dfrac{19}{12}$

❸ 통분한 분수를 더해줍니다.

❹ $7 + 1\dfrac{7}{12} = 8\dfrac{7}{12}$

❹ 가분수를 대분수로 고친 뒤 자연수끼리 더해줍니다. 답은 $8\dfrac{7}{12}$입니다.

지도내용 계산 마지막 과정에서 분수를 가분수인 채로 남겨두고 계산하지는 않는지 주의하여 지도해 주세요.

분모가 다른 분수의 덧셈 3
(대분수 + 대분수)

분   초
/16

■ 다음 분수의 덧셈을 하시오. 답은 약분해서 씁니다.

① $1\dfrac{2}{4} + 1\dfrac{1}{5} =$

② $2\dfrac{1}{5} + 1\dfrac{2}{6} =$

③ $2\dfrac{1}{3} + 3\dfrac{4}{8} =$

④ $2\dfrac{2}{6} + 1\dfrac{3}{8} =$

⑤ $3\dfrac{2}{6} + 4\dfrac{3}{12} =$

⑥ $2\dfrac{1}{4} + 4\dfrac{5}{11} =$

⑦ $1\dfrac{3}{9} + 2\dfrac{15}{18} =$

⑧ $3\dfrac{5}{8} + 1\dfrac{6}{10} =$

⑨ $1\dfrac{1}{5} + 1\dfrac{1}{7} =$

⑩ $2\dfrac{1}{4} + 1\dfrac{5}{9} =$

⑪ $4\dfrac{1}{2} + 1\dfrac{1}{9} =$

⑫ $2\dfrac{2}{5} + 3\dfrac{4}{8} =$

⑬ $3\dfrac{3}{8} + 1\dfrac{10}{20} =$

⑭ $4\dfrac{1}{2} + 1\dfrac{11}{13} =$

⑮ $2\dfrac{6}{12} + 1\dfrac{8}{16} =$

⑯ $4\dfrac{2}{8} + 1\dfrac{15}{16} =$

분모가 다른 분수의 덧셈 3
(대분수 + 대분수)

분   초

/16

■ 다음 분수의 덧셈을 하시오. 답은 약분해서 씁니다.

① $1\dfrac{1}{2} + 1\dfrac{1}{3} =$

② $1\dfrac{1}{5} + 1\dfrac{2}{8} =$

③ $1\dfrac{1}{4} + 3\dfrac{2}{8} =$

④ $2\dfrac{1}{5} + 1\dfrac{1}{9} =$

⑤ $3\dfrac{4}{8} + 1\dfrac{10}{28} =$

⑥ $2\dfrac{1}{4} + 3\dfrac{5}{10} =$

⑦ $3\dfrac{1}{6} + 2\dfrac{20}{24} =$

⑧ $4\dfrac{1}{13} + 2\dfrac{25}{26} =$

⑨ $1\dfrac{1}{3} + 1\dfrac{1}{7} =$

⑩ $1\dfrac{1}{2} + 2\dfrac{3}{9} =$

⑪ $3\dfrac{1}{3} + 2\dfrac{3}{6} =$

⑫ $1\dfrac{1}{3} + 2\dfrac{5}{16} =$

⑬ $3\dfrac{3}{6} + 2\dfrac{5}{15} =$

⑭ $2\dfrac{1}{5} + 3\dfrac{15}{16} =$

⑮ $4\dfrac{8}{12} + 2\dfrac{3}{15} =$

⑯ $4\dfrac{5}{12} + 1\dfrac{11}{20} =$

■ 다음 분수의 덧셈을 하시오. 답은 약분해서 씁니다.

① $1\dfrac{1}{4} + 1\dfrac{1}{5} =$

② $1\dfrac{1}{2} + 2\dfrac{3}{7} =$

③ $2\dfrac{1}{3} + 1\dfrac{1}{7} =$

④ $2\dfrac{1}{5} + 2\dfrac{10}{15} =$

⑤ $4\dfrac{1}{2} + 2\dfrac{10}{13} =$

⑥ $5\dfrac{1}{3} + 2\dfrac{5}{16} =$

⑦ $4\dfrac{1}{12} + 3\dfrac{21}{24} =$

⑧ $3\dfrac{5}{16} + 2\dfrac{15}{20} =$

⑨ $1\dfrac{1}{4} + 1\dfrac{1}{6} =$

⑩ $1\dfrac{1}{3} + 2\dfrac{4}{8} =$

⑪ $2\dfrac{1}{5} + 3\dfrac{5}{9} =$

⑫ $2\dfrac{1}{4} + 3\dfrac{5}{11} =$

⑬ $3\dfrac{1}{4} + 2\dfrac{7}{17} =$

⑭ $3\dfrac{4}{8} + 2\dfrac{12}{18} =$

⑮ $4\dfrac{1}{11} + 2\dfrac{40}{44} =$

⑯ $2\dfrac{5}{15} + 1\dfrac{20}{30} =$

분모가 다른 분수의 덧셈 3
(대분수 + 대분수)

■ 다음 분수의 덧셈을 하시오. 답은 약분해서 씁니다.

① $1\dfrac{1}{2} + 1\dfrac{1}{5} =$

② $2\dfrac{1}{5} + 2\dfrac{1}{14} =$

③ $3\dfrac{1}{5} + 2\dfrac{5}{14} =$

④ $2\dfrac{4}{8} + 2\dfrac{5}{10} =$

⑤ $3\dfrac{4}{8} + 2\dfrac{10}{14} =$

⑥ $2\dfrac{3}{5} + 2\dfrac{10}{14} =$

⑦ $3\dfrac{4}{8} + 2\dfrac{6}{12} =$

⑧ $2\dfrac{4}{9} + 3\dfrac{10}{12} =$

⑨ $1\dfrac{1}{5} + 1\dfrac{1}{7} =$

⑩ $2\dfrac{1}{3} + 1\dfrac{2}{4} =$

⑪ $1\dfrac{1}{5} + 2\dfrac{5}{17} =$

⑫ $2\dfrac{4}{9} + 2\dfrac{6}{12} =$

⑬ $4\dfrac{3}{6} + 2\dfrac{10}{12} =$

⑭ $4\dfrac{1}{5} + 2\dfrac{12}{16} =$

⑮ $4\dfrac{3}{6} + 2\dfrac{15}{18} =$

⑯ $3\dfrac{1}{4} + 2\dfrac{12}{19} =$

분모가 다른 분수의 덧셈 3
(대분수 + 대분수)

분   초
/16

■ 다음 분수의 덧셈을 하시오. 답은 약분해서 씁니다.

① $1\dfrac{1}{2} + 1\dfrac{1}{3} =$

② $2\dfrac{1}{5} + 2\dfrac{3}{6} =$

③ $1\dfrac{1}{3} + 3\dfrac{5}{15} =$

④ $1\dfrac{2}{6} + 2\dfrac{15}{18} =$

⑤ $3\dfrac{1}{4} + 2\dfrac{10}{18} =$

⑥ $1\dfrac{1}{4} + 1\dfrac{1}{15} =$

⑦ $2\dfrac{1}{10} + 4\dfrac{10}{18} =$

⑧ $2\dfrac{5}{13} + 2\dfrac{50}{52} =$

⑨ $1\dfrac{1}{3} + 1\dfrac{1}{7} =$

⑩ $2\dfrac{1}{4} + 1\dfrac{1}{9} =$

⑪ $2\dfrac{1}{4} + 3\dfrac{2}{8} =$

⑫ $3\dfrac{4}{8} + 2\dfrac{1}{10} =$

⑬ $3\dfrac{4}{8} + 2\dfrac{20}{28} =$

⑭ $1\dfrac{1}{2} + 3\dfrac{6}{13} =$

⑮ $3\dfrac{5}{10} + 2\dfrac{48}{50} =$

⑯ $2\dfrac{5}{16} + 3\dfrac{6}{32} =$

분모가 다른 분수의 덧셈 3
(대분수 + 대분수)

분   초
/16

■ 다음 분수의 덧셈을 하시오. 답은 약분해서 씁니다.

① $1\frac{1}{4} + 1\frac{1}{5} =$

② $2\frac{1}{6} + 3\frac{2}{9} =$

③ $1\frac{1}{4} + 2\frac{3}{10} =$

④ $2\frac{1}{6} + 1\frac{5}{27} =$

⑤ $3\frac{4}{8} + 2\frac{12}{32} =$

⑥ $2\frac{4}{8} + 3\frac{2}{10} =$

⑦ $3\frac{2}{4} + 2\frac{20}{60} =$

⑧ $4\frac{2}{15} + 3\frac{6}{18} =$

⑨ $1\frac{1}{3} + 1\frac{1}{5} =$

⑩ $2\frac{1}{4} + 2\frac{4}{9} =$

⑪ $3\frac{1}{3} + 2\frac{1}{18} =$

⑫ $4\frac{1}{3} + 2\frac{5}{13} =$

⑬ $3\frac{1}{7} + 2\frac{15}{49} =$

⑭ $4\frac{5}{10} + 2\frac{10}{20} =$

⑮ $3\frac{2}{15} + 2\frac{5}{25} =$

⑯ $2\frac{5}{18} + 3\frac{15}{54} =$

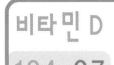

분모가 다른 분수의 덧셈 3
(대분수 + 대분수)

분　　　초
/16

■ 다음 분수의 덧셈을 하시오. 답은 약분해서 씁니다.

① $1\dfrac{1}{5} + 1\dfrac{1}{8} =$

② $2\dfrac{1}{3} + 3\dfrac{1}{9} =$

③ $3\dfrac{1}{4} + 2\dfrac{3}{6} =$

④ $3\dfrac{1}{5} + 2\dfrac{6}{12} =$

⑤ $2\dfrac{1}{2} + 3\dfrac{5}{15} =$

⑥ $3\dfrac{1}{6} + 2\dfrac{6}{24} =$

⑦ $2\dfrac{1}{11} + 2\dfrac{11}{22} =$

⑧ $4\dfrac{3}{14} + 2\dfrac{2}{21} =$

⑨ $1\dfrac{1}{5} + 1\dfrac{1}{6} =$

⑩ $2\dfrac{1}{6} + 2\dfrac{2}{8} =$

⑪ $2\dfrac{1}{5} + 1\dfrac{15}{40} =$

⑫ $3\dfrac{2}{4} + 1\dfrac{4}{18} =$

⑬ $2\dfrac{1}{3} + 3\dfrac{6}{13} =$

⑭ $3\dfrac{1}{4} + 2\dfrac{5}{17} =$

⑮ $4\dfrac{1}{13} + 2\dfrac{15}{39} =$

⑯ $3\dfrac{1}{13} + 4\dfrac{10}{65} =$

분모가 다른 분수의 덧셈 3
(대분수 + 대분수)

분   초
/16

■ 다음 분수의 덧셈을 하시오. 답은 약분해서 씁니다.

① $1\frac{1}{4} + 1\frac{1}{7} =$

② $2\frac{1}{4} + 1\frac{4}{9} =$

③ $3\frac{1}{4} + 1\frac{2}{15} =$

④ $2\frac{1}{3} + 3\frac{5}{17} =$

⑤ $1\frac{1}{8} + 2\frac{12}{28} =$

⑥ $3\frac{1}{8} + 2\frac{12}{16} =$

⑦ $2\frac{6}{12} + 2\frac{15}{48} =$

⑧ $2\frac{10}{18} + 3\frac{15}{45} =$

⑨ $1\frac{1}{2} + 1\frac{1}{6} =$

⑩ $2\frac{4}{8} + 2\frac{3}{9} =$

⑪ $2\frac{1}{5} + 1\frac{5}{17} =$

⑫ $3\frac{1}{9} + 1\frac{9}{27} =$

⑬ $4\frac{1}{8} + 2\frac{5}{18} =$

⑭ $2\frac{1}{14} + 3\frac{6}{49} =$

⑮ $2\frac{6}{13} + 3\frac{12}{26} =$

⑯ $2\frac{8}{14} + 3\frac{12}{35} =$

분모가 다른 분수의 덧셈 3
(대분수 + 대분수)

분   초
/16

■ 다음 분수의 덧셈을 하시오. 답은 약분해서 씁니다.

① $1\frac{1}{5} + 1\frac{1}{8} =$

② $2\frac{1}{2} + 3\frac{1}{5} =$

③ $2\frac{3}{6} + 2\frac{2}{9} =$

④ $4\frac{1}{2} + 2\frac{7}{15} =$

⑤ $2\frac{1}{4} + 3\frac{11}{14} =$

⑥ $3\frac{6}{12} + 2\frac{8}{16} =$

⑦ $1\frac{1}{16} + 3\frac{21}{32} =$

⑧ $3\frac{5}{18} + 2\frac{6}{27} =$

⑨ $1\frac{1}{3} + 1\frac{1}{5} =$

⑩ $1\frac{1}{2} + 3\frac{1}{9} =$

⑪ $2\frac{3}{6} + 1\frac{4}{8} =$

⑫ $3\frac{3}{6} + 2\frac{10}{18} =$

⑬ $2\frac{6}{18} + 3\frac{15}{30} =$

⑭ $4\frac{11}{15} + 2\frac{7}{18} =$

⑮ $2\frac{1}{13} + 3\frac{5}{39} =$

⑯ $3\frac{1}{13} + 2\frac{30}{65} =$

분모가 다른 분수의 덧셈 3
(대분수 + 대분수)

분   초
/16

■ 다음 분수의 덧셈을 하시오. 답은 약분해서 씁니다.

① $1 \dfrac{1}{3} + 1 \dfrac{1}{8} =$

② $2 \dfrac{1}{4} + 1 \dfrac{4}{9} =$

③ $3 \dfrac{1}{5} + 2 \dfrac{1}{6} =$

④ $4 \dfrac{1}{9} + 3 \dfrac{21}{27} =$

⑤ $3 \dfrac{2}{4} + 2 \dfrac{5}{11} =$

⑥ $2 \dfrac{7}{14} + 3 \dfrac{15}{21} =$

⑦ $3 \dfrac{3}{18} + 2 \dfrac{4}{45} =$

⑧ $2 \dfrac{7}{22} + 3 \dfrac{8}{33} =$

⑨ $1 \dfrac{1}{3} + 1 \dfrac{1}{4} =$

⑩ $2 \dfrac{1}{4} + 4 \dfrac{3}{6} =$

⑪ $3 \dfrac{1}{4} + 2 \dfrac{5}{13} =$

⑫ $4 \dfrac{1}{8} + 2 \dfrac{3}{10} =$

⑬ $3 \dfrac{2}{6} + 2 \dfrac{15}{21} =$

⑭ $4 \dfrac{5}{18} + 2 \dfrac{6}{27} =$

⑮ $2 \dfrac{5}{10} + 3 \dfrac{4}{40} =$

⑯ $4 \dfrac{3}{13} + 3 \dfrac{15}{78} =$

105 단계

■ 학습 일정 관리표

	공부한 날	정답수	오답수	소요시간	표준완성시간
105-01호				분 초	
105-02호				분 초	
105-03호				분 초	
105-04호				분 초	1,2학년 : 정답중심
105-05호				분 초	
105-06호				분 초	3,4학년 : 정답중심
105-07호				분 초	
105-08호				분 초	5,6학년 : 7분이내
105-09호				분 초	
105-10호				분 초	

대분수를 자연수와 분수로 분리하는 과정에 유의하여 문제를 풀도록 합니다.

⦿ 대분수끼리의 덧셈

❶ $6\dfrac{10}{11} + 4\dfrac{13}{22} = 6 + 4 + \dfrac{10}{11} + \dfrac{13}{22}$

❶ 분수와 자연수를 분리합니다.

❷ $10 + \dfrac{10\times2}{11\times2} + \dfrac{13}{22}$

❷ 자연수끼리 더해줍니다. 분수끼리 더하기 위해 통분합니다. 11과 22는 공약수를 가지는 두 수이므로, 최소공배수인 22로 통분해 줍니다.
$\dfrac{10}{11}$의 분자·분모에 각각 2를 곱합니다.

❸ $10 + \dfrac{20}{22} + \dfrac{13}{22} = 10 + \dfrac{33}{22}$

❸ 통분한 분수를 더해줍니다.

❹ $10 + 1\dfrac{11}{22} = 11\dfrac{11}{22}$

❹ 가분수를 대분수로 고친 뒤 자연수 부분끼리 더해줍니다. 답은 $11\dfrac{11}{22}$이고, 약분하면 $11\dfrac{1}{2}$ 입니다.

지도내용 답을 쓰는 과정에서 가분수를 대분수로 고치지 않는 실수를 하기 쉬우니 이에 유의하여 문제를 풀도록 지도해 주세요.

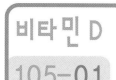 

분모가 다른 분수의 덧셈 3
(대분수 + 대분수)

분   초
/16

■ 다음 분수의 덧셈을 하시오. 답은 약분해서 씁니다.

① $1\dfrac{1}{8} + 2\dfrac{1}{28} =$

② $3\dfrac{1}{3} + 4\dfrac{2}{14} =$

③ $2\dfrac{5}{8} + 3\dfrac{7}{16} =$

④ $4\dfrac{2}{12} + 3\dfrac{8}{16} =$

⑤ $5\dfrac{11}{18} + 2\dfrac{33}{45} =$

⑥ $3\dfrac{10}{12} + 4\dfrac{15}{20} =$

⑦ $2\dfrac{12}{16} + 4\dfrac{21}{32} =$

⑧ $3\dfrac{15}{18} + 4\dfrac{25}{27} =$

⑨ $3\dfrac{4}{6} + 2\dfrac{5}{18} =$

⑩ $2\dfrac{2}{5} + 4\dfrac{13}{17} =$

⑪ $4\dfrac{5}{8} + 3\dfrac{7}{10} =$

⑫ $5\dfrac{12}{14} + 2\dfrac{40}{42} =$

⑬ $4\dfrac{11}{12} + 3\dfrac{16}{18} =$

⑭ $5\dfrac{15}{16} + 3\dfrac{21}{24} =$

⑮ $7\dfrac{3}{10} + 2\dfrac{5}{12} =$

⑯ $2\dfrac{10}{11} + 3\dfrac{54}{55} =$

■ 다음 분수의 덧셈을 하시오. 답은 약분해서 씁니다.

① $2\dfrac{1}{5} + 3\dfrac{10}{13} =$

② $1\dfrac{5}{6} + 2\dfrac{12}{16} =$

③ $3\dfrac{2}{5} + 2\dfrac{12}{16} =$

④ $2\dfrac{10}{12} + 4\dfrac{30}{32} =$

⑤ $3\dfrac{8}{12} + 5\dfrac{30}{42} =$

⑥ $2\dfrac{12}{15} + 4\dfrac{21}{25} =$

⑦ $3\dfrac{12}{13} + 2\dfrac{51}{52} =$

⑧ $5\dfrac{13}{15} + 7\dfrac{19}{30} =$

⑨ $1\dfrac{1}{4} + 2\dfrac{10}{14} =$

⑩ $3\dfrac{3}{6} + 2\dfrac{21}{24} =$

⑪ $4\dfrac{5}{10} + 2\dfrac{12}{15} =$

⑫ $5\dfrac{11}{13} + 4\dfrac{51}{52} =$

⑬ $4\dfrac{13}{18} + 6\dfrac{18}{27} =$

⑭ $5\dfrac{16}{18} + 4\dfrac{32}{45} =$

⑮ $6\dfrac{15}{16} + 7\dfrac{47}{48} =$

⑯ $4\dfrac{12}{14} + 3\dfrac{38}{49} =$

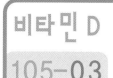

분모가 다른 분수의 덧셈 3
(대분수 + 대분수)

분   초
/16

■ 다음 분수의 덧셈을 하시오. 답은 약분해서 씁니다.

① $4\dfrac{4}{6} + 3\dfrac{5}{18} =$

② $3\dfrac{2}{5} + 2\dfrac{10}{17} =$

③ $3\dfrac{7}{10} + 3\dfrac{12}{20} =$

④ $2\dfrac{8}{12} + 3\dfrac{23}{24} =$

⑤ $2\dfrac{8}{11} + 4\dfrac{21}{22} =$

⑥ $1\dfrac{12}{18} + 3\dfrac{25}{27} =$

⑦ $2\dfrac{8}{12} + 3\dfrac{16}{42} =$

⑧ $3\dfrac{8}{11} + 5\dfrac{53}{55} =$

⑨ $2\dfrac{5}{8} + 4\dfrac{15}{18} =$

⑩ $3\dfrac{7}{9} + 5\dfrac{25}{27} =$

⑪ $6\dfrac{8}{12} + 7\dfrac{13}{15} =$

⑫ $5\dfrac{12}{15} + 4\dfrac{15}{20} =$

⑬ $6\dfrac{11}{13} + 7\dfrac{35}{39} =$

⑭ $4\dfrac{12}{14} + 5\dfrac{31}{49} =$

⑮ $7\dfrac{21}{26} + 5\dfrac{35}{39} =$

⑯ $5\dfrac{8}{10} + 6\dfrac{38}{40} =$

■ 다음 분수의 덧셈을 하시오. 답은 약분해서 씁니다.

① $2\dfrac{1}{3} + 3\dfrac{12}{16} =$

② $3\dfrac{2}{4} + 5\dfrac{57}{60} =$

③ $2\dfrac{5}{10} + 3\dfrac{12}{15} =$

④ $4\dfrac{8}{12} + 5\dfrac{12}{16} =$

⑤ $2\dfrac{13}{18} + 4\dfrac{35}{36} =$

⑥ $5\dfrac{15}{16} + 2\dfrac{30}{32} =$

⑦ $3\dfrac{12}{16} + 4\dfrac{47}{48} =$

⑧ $2\dfrac{11}{13} + 5\dfrac{75}{78} =$

⑨ $4\dfrac{6}{8} + 2\dfrac{21}{24} =$

⑩ $4\dfrac{4}{6} + 3\dfrac{10}{12} =$

⑪ $5\dfrac{13}{18} + 4\dfrac{25}{27} =$

⑫ $3\dfrac{12}{15} + 4\dfrac{16}{18} =$

⑬ $4\dfrac{11}{13} + 6\dfrac{62}{65} =$

⑭ $5\dfrac{12}{15} + 7\dfrac{25}{30} =$

⑮ $3\dfrac{7}{10} + 6\dfrac{47}{50} =$

⑯ $5\dfrac{11}{13} + 6\dfrac{51}{52} =$

분모가 다른 분수의 덧셈 3
(대분수 + 대분수)

분　　　초
/16

■ 다음 분수의 덧셈을 하시오. 답은 약분해서 씁니다.

① $2\dfrac{2}{7} + 3\dfrac{61}{63} =$

② $2\dfrac{4}{6} + 4\dfrac{11}{15} =$

③ $3\dfrac{12}{14} + 5\dfrac{15}{21} =$

④ $2\dfrac{6}{12} + 4\dfrac{32}{42} =$

⑤ $3\dfrac{7}{10} + 7\dfrac{8}{12} =$

⑥ $4\dfrac{15}{26} + 5\dfrac{25}{39} =$

⑦ $2\dfrac{11}{14} + 6\dfrac{22}{49} =$

⑧ $4\dfrac{12}{18} + 7\dfrac{25}{30} =$

⑨ $3\dfrac{5}{9} + 2\dfrac{34}{36} =$

⑩ $5\dfrac{3}{8} + 7\dfrac{7}{10} =$

⑪ $3\dfrac{7}{15} + 5\dfrac{10}{18} =$

⑫ $2\dfrac{12}{16} + 3\dfrac{21}{24} =$

⑬ $4\dfrac{14}{18} + 7\dfrac{35}{45} =$

⑭ $2\dfrac{16}{18} + 5\dfrac{27}{30} =$

⑮ $3\dfrac{15}{18} + 7\dfrac{51}{54} =$

⑯ $2\dfrac{8}{10} + 7\dfrac{49}{50} =$

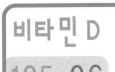

분모가 다른 분수의 덧셈 3
(대분수 + 대분수)

분   초
/16

■ 다음 분수의 덧셈을 하시오. 답은 약분해서 씁니다.

① $3\dfrac{4}{8} + 4\dfrac{35}{36} =$

② $2\dfrac{4}{5} + 5\dfrac{32}{35} =$

③ $3\dfrac{8}{12} + 5\dfrac{27}{30} =$

④ $2\dfrac{11}{14} + 4\dfrac{21}{35} =$

⑤ $3\dfrac{12}{13} + 6\dfrac{25}{26} =$

⑥ $3\dfrac{15}{16} + 3\dfrac{31}{32} =$

⑦ $2\dfrac{12}{14} + 4\dfrac{45}{49} =$

⑧ $5\dfrac{12}{16} + 7\dfrac{16}{24} =$

⑨ $2\dfrac{3}{6} + 4\dfrac{46}{48} =$

⑩ $3\dfrac{2}{4} + 2\dfrac{11}{13} =$

⑪ $4\dfrac{8}{11} + 3\dfrac{21}{22} =$

⑫ $2\dfrac{12}{16} + 3\dfrac{31}{32} =$

⑬ $4\dfrac{9}{10} + 7\dfrac{27}{30} =$

⑭ $3\dfrac{11}{13} + 5\dfrac{64}{65} =$

⑮ $4\dfrac{16}{18} + 6\dfrac{35}{36} =$

⑯ $2\dfrac{13}{18} + 5\dfrac{36}{45} =$

분모가 다른 분수의 덧셈 3
(대분수 + 대분수)

분　　초
/16

■ 다음 분수의 덧셈을 하시오. 답은 약분해서 씁니다.

① $2\dfrac{3}{9} + 3\dfrac{32}{36} =$

② $4\dfrac{5}{8} + 2\dfrac{61}{64} =$

③ $2\dfrac{7}{13} + 7\dfrac{61}{65} =$

④ $3\dfrac{10}{12} + 7\dfrac{30}{42} =$

⑤ $2\dfrac{7}{10} + 5\dfrac{25}{45} =$

⑥ $5\dfrac{12}{14} + 6\dfrac{26}{28} =$

⑦ $3\dfrac{15}{18} + 5\dfrac{32}{45} =$

⑧ $2\dfrac{12}{16} + 7\dfrac{15}{20} =$

⑨ $3\dfrac{4}{7} + 4\dfrac{43}{49} =$

⑩ $2\dfrac{7}{9} + 5\dfrac{16}{21} =$

⑪ $3\dfrac{8}{13} + 7\dfrac{31}{39} =$

⑫ $2\dfrac{12}{16} + 5\dfrac{16}{20} =$

⑬ $3\dfrac{13}{15} + 5\dfrac{16}{20} =$

⑭ $5\dfrac{11}{13} + 6\dfrac{62}{65} =$

⑮ $7\dfrac{12}{13} + 8\dfrac{21}{26} =$

⑯ $2\dfrac{13}{16} + 9\dfrac{42}{48} =$

분모가 다른 분수의 덧셈 3
(대분수 + 대분수)

분   초
/16

■ 다음 분수의 덧셈을 하시오. 답은 약분해서 씁니다.

① $2\dfrac{3}{5} + 3\dfrac{12}{17} =$

② $2\dfrac{2}{4} + 4\dfrac{11}{14} =$

③ $2\dfrac{8}{14} + 6\dfrac{27}{28} =$

④ $3\dfrac{12}{15} + 6\dfrac{27}{30} =$

⑤ $6\dfrac{8}{16} + 8\dfrac{19}{20} =$

⑥ $2\dfrac{12}{18} + 7\dfrac{29}{30} =$

⑦ $3\dfrac{8}{12} + 9\dfrac{19}{20} =$

⑧ $4\dfrac{24}{26} + 6\dfrac{25}{39} =$

⑨ $4\dfrac{4}{8} + 5\dfrac{15}{16} =$

⑩ $3\dfrac{3}{5} + 7\dfrac{14}{15} =$

⑪ $3\dfrac{12}{18} + 5\dfrac{21}{24} =$

⑫ $5\dfrac{7}{11} + 7\dfrac{31}{33} =$

⑬ $7\dfrac{9}{14} + 9\dfrac{31}{49} =$

⑭ $4\dfrac{12}{18} + 8\dfrac{16}{24} =$

⑮ $5\dfrac{14}{16} + 7\dfrac{22}{24} =$

⑯ $3\dfrac{9}{13} + 6\dfrac{62}{65} =$

분모가 다른 분수의 덧셈 3
(대분수 + 대분수)

분   초
/16

■ 다음 분수의 덧셈을 하시오. 답은 약분해서 씁니다.

① $2\frac{3}{7} + 3\frac{40}{42} =$

② $3\frac{3}{6} + 5\frac{7}{10} =$

③ $2\frac{12}{18} + 4\frac{32}{36} =$

④ $4\frac{14}{16} + 3\frac{26}{40} =$

⑤ $5\frac{11}{13} + 2\frac{63}{65} =$

⑥ $7\frac{12}{13} + 5\frac{75}{78} =$

⑦ $2\frac{14}{16} + 8\frac{31}{32} =$

⑧ $3\frac{16}{21} + 6\frac{20}{28} =$

⑨ $3\frac{7}{9} + 2\frac{32}{36} =$

⑩ $5\frac{2}{5} + 2\frac{8}{11} =$

⑪ $3\frac{13}{16} + 7\frac{30}{32} =$

⑫ $5\frac{15}{18} + 2\frac{32}{45} =$

⑬ $3\frac{9}{14} + 4\frac{27}{35} =$

⑭ $5\frac{15}{18} + 6\frac{25}{30} =$

⑮ $5\frac{15}{21} + 4\frac{20}{28} =$

⑯ $6\frac{12}{18} + 3\frac{15}{27}$

분모가 다른 분수의 덧셈 3
(대분수 + 대분수)

분   초
/16

■ 다음 분수의 덧셈을 하시오. 답은 약분해서 씁니다.

① $2\dfrac{4}{8} + 3\dfrac{15}{20} =$

⑨ $4\dfrac{4}{6} + 2\dfrac{12}{15} =$

② $4\dfrac{3}{7} + 5\dfrac{61}{63} =$

⑩ $2\dfrac{11}{12} + 5\dfrac{18}{30} =$

③ $3\dfrac{12}{15} + 6\dfrac{15}{25} =$

⑪ $3\dfrac{8}{10} + 4\dfrac{12}{16} =$

④ $5\dfrac{11}{14} + 7\dfrac{31}{35} =$

⑫ $5\dfrac{13}{18} + 6\dfrac{21}{27} =$

⑤ $6\dfrac{8}{13} + 2\dfrac{72}{78} =$

⑬ $2\dfrac{15}{18} + 7\dfrac{27}{45} =$

⑥ $3\dfrac{15}{18} + 8\dfrac{20}{27} =$

⑭ $3\dfrac{18}{22} + 6\dfrac{28}{33} =$

⑦ $2\dfrac{8}{13} + 9\dfrac{62}{65} =$

⑮ $3\dfrac{11}{13} + 7\dfrac{87}{91} =$

⑧ $3\dfrac{12}{16} + 4\dfrac{32}{40} =$

⑯ $2\dfrac{12}{13} + 8\dfrac{24}{26} =$

106 단계

■ 학습 일정 관리표

	공부한 날	정답수	오답수	소요시간	표준완성시간
106-01호				분 초	
106-02호				분 초	
106-03호				분 초	
106-04호				분 초	1,2학년 : 정답중심
106-05호				분 초	
106-06호				분 초	3,4학년 : 정답중심
106-07호				분 초	
106-08호				분 초	5,6학년 : 7분이내
106-09호				분 초	
106-10호				분 초	

분모가 다른 분수의 뺄셈 계산은 원리와 형식을 이해하고 분모를 통분하여 계산합니다.

⊙ **진분수끼리의 뺄셈**

❶ $\dfrac{5}{8} - \dfrac{1}{10}$

$= \dfrac{5 \times 5}{8 \times 5} - \dfrac{1 \times 4}{10 \times 4}$

(두 분모의 최소공배수로 통분)

❶ 뺄셈을 하기 전에 먼저 8과 10의 최소공배수인

40으로 분모를 통분합니다.

이를 위해 $\dfrac{5}{8}$ 의 분자 · 분모에 각각 5를,

$\dfrac{1}{10}$ 의 분자 · 분모에 각각 4를 곱합니다.

❷ $\dfrac{25}{40} - \dfrac{4}{40} = \dfrac{21}{40}$

(분모가 같은 진분수의 뺄셈)

❷ $\dfrac{25}{40} - \dfrac{4}{40}$ 를 계산하면 답은 $\dfrac{21}{40}$ 입니다.

두 분모의 최소공배수로 통분하여 분모가 같은 분수로 만들어 계산한다.

지도내용　진분수끼리의 뺄셈은 통분만 익숙하게 하면 쉽게 해결할 수 있는 내용입니다.
통분에 유의하여 문제를 풀도록 지도해 주세요.

분모가 다른 분수의 뺄셈 1
(진분수 - 진분수)

분   초
/18

■ 다음 분수의 뺄셈을 하시오. 답은 약분해서 씁니다.

① $\dfrac{1}{2} - \dfrac{1}{7} =$

② $\dfrac{3}{4} - \dfrac{2}{5} =$

③ $\dfrac{2}{4} - \dfrac{1}{9} =$

④ $\dfrac{2}{3} - \dfrac{4}{16} =$

⑤ $\dfrac{1}{2} - \dfrac{5}{13} =$

⑥ $\dfrac{4}{11} - \dfrac{2}{22} =$

⑦ $\dfrac{6}{9} - \dfrac{3}{18} =$

⑧ $\dfrac{10}{13} - \dfrac{32}{65} =$

⑨ $\dfrac{12}{16} - \dfrac{18}{32} =$

⑩ $\dfrac{1}{3} - \dfrac{1}{4} =$

⑪ $\dfrac{2}{5} - \dfrac{1}{6} =$

⑫ $\dfrac{1}{3} - \dfrac{1}{8} =$

⑬ $\dfrac{7}{8} - \dfrac{6}{28} =$

⑭ $\dfrac{3}{10} - \dfrac{1}{15} =$

⑮ $\dfrac{5}{8} - \dfrac{1}{10} =$

⑯ $\dfrac{11}{12} - \dfrac{16}{36} =$

⑰ $\dfrac{9}{13} - \dfrac{20}{39} =$

⑱ $\dfrac{10}{16} - \dfrac{9}{24} =$

■ 다음 분수의 뺄셈을 하시오. 답은 약분해서 씁니다.

① $\dfrac{1}{3} - \dfrac{1}{5} =$

② $\dfrac{1}{2} - \dfrac{1}{6} =$

③ $\dfrac{3}{5} - \dfrac{3}{9} =$

④ $\dfrac{2}{4} - \dfrac{3}{11} =$

⑤ $\dfrac{2}{5} - \dfrac{1}{10} =$

⑥ $\dfrac{5}{12} - \dfrac{1}{18} =$

⑦ $\dfrac{5}{10} - \dfrac{1}{20} =$

⑧ $\dfrac{12}{18} - \dfrac{8}{27} =$

⑨ $\dfrac{3}{11} - \dfrac{1}{55} =$

⑩ $\dfrac{1}{2} - \dfrac{1}{4} =$

⑪ $\dfrac{1}{3} - \dfrac{1}{7} =$

⑫ $\dfrac{3}{6} - \dfrac{2}{8} =$

⑬ $\dfrac{3}{8} - \dfrac{1}{10} =$

⑭ $\dfrac{4}{8} - \dfrac{2}{16} =$

⑮ $\dfrac{7}{13} - \dfrac{1}{52} =$

⑯ $\dfrac{9}{14} - \dfrac{1}{21} =$

⑰ $\dfrac{2}{12} - \dfrac{1}{16} =$

⑱ $\dfrac{2}{13} - \dfrac{1}{26} =$

분모가 다른 분수의 뺄셈 1
(진분수 – 진분수)

분　　초
/18

■ 다음 분수의 뺄셈을 하시오. 답은 약분해서 씁니다.

① $\dfrac{1}{3} - \dfrac{1}{9} =$

② $\dfrac{1}{4} - \dfrac{1}{7} =$

③ $\dfrac{1}{2} - \dfrac{1}{10} =$

④ $\dfrac{5}{8} - \dfrac{1}{16} =$

⑤ $\dfrac{10}{12} - \dfrac{1}{18} =$

⑥ $\dfrac{10}{11} - \dfrac{12}{33} =$

⑦ $\dfrac{3}{6} - \dfrac{1}{48} =$

⑧ $\dfrac{1}{3} - \dfrac{1}{17} =$

⑨ $\dfrac{9}{10} - \dfrac{12}{25} =$

⑩ $\dfrac{1}{3} - \dfrac{1}{7} =$

⑪ $\dfrac{1}{2} - \dfrac{1}{8} =$

⑫ $\dfrac{2}{3} - \dfrac{3}{15} =$

⑬ $\dfrac{7}{8} - \dfrac{1}{12} =$

⑭ $\dfrac{12}{14} - \dfrac{6}{28} =$

⑮ $\dfrac{11}{15} - \dfrac{13}{18} =$

⑯ $\dfrac{10}{14} - \dfrac{20}{49} =$

⑰ $\dfrac{10}{12} - \dfrac{7}{30} =$

⑱ $\dfrac{10}{12} - \dfrac{5}{15} =$

■ 다음 분수의 뺄셈을 하시오. 답은 약분해서 씁니다.

① $\dfrac{1}{8} - \dfrac{1}{9} =$

② $\dfrac{3}{6} - \dfrac{1}{8} =$

③ $\dfrac{2}{4} - \dfrac{1}{5} =$

④ $\dfrac{3}{4} - \dfrac{1}{10} =$

⑤ $\dfrac{10}{12} - \dfrac{1}{18} =$

⑥ $\dfrac{5}{10} - \dfrac{2}{12} =$

⑦ $\dfrac{7}{13} - \dfrac{5}{78} =$

⑧ $\dfrac{6}{12} - \dfrac{2}{20} =$

⑨ $\dfrac{12}{16} - \dfrac{1}{48} =$

⑩ $\dfrac{1}{4} - \dfrac{1}{6} =$

⑪ $\dfrac{1}{3} - \dfrac{1}{6} =$

⑫ $\dfrac{2}{4} - \dfrac{1}{18} =$

⑬ $\dfrac{13}{15} - \dfrac{1}{30} =$

⑭ $\dfrac{7}{18} - \dfrac{1}{36} =$

⑮ $\dfrac{3}{6} - \dfrac{20}{48} =$

⑯ $\dfrac{12}{14} - \dfrac{1}{49} =$

⑰ $\dfrac{11}{13} - \dfrac{1}{26} =$

⑱ $\dfrac{8}{13} - \dfrac{5}{52} =$

분모가 다른 분수의 뺄셈 1
(진분수 - 진분수)

분   초

/18

■ 다음 분수의 뺄셈을 하시오. 답은 약분해서 씁니다.

① $\dfrac{1}{6} - \dfrac{1}{8} =$

⑩ $\dfrac{1}{3} - \dfrac{1}{7} =$

② $\dfrac{2}{4} - \dfrac{1}{10} =$

⑪ $\dfrac{3}{7} - \dfrac{1}{9} =$

③ $\dfrac{1}{3} - \dfrac{1}{5} =$

⑫ $\dfrac{1}{5} - \dfrac{1}{17} =$

④ $\dfrac{7}{12} - \dfrac{1}{15} =$

⑬ $\dfrac{7}{8} - \dfrac{1}{16} =$

⑤ $\dfrac{8}{9} - \dfrac{12}{21} =$

⑭ $\dfrac{10}{13} - \dfrac{1}{26} =$

⑥ $\dfrac{11}{14} - \dfrac{1}{21} =$

⑮ $\dfrac{15}{18} - \dfrac{1}{30} =$

⑦ $\dfrac{1}{3} - \dfrac{1}{17} =$

⑯ $\dfrac{9}{12} - \dfrac{1}{18} =$

⑧ $\dfrac{12}{16} - \dfrac{1}{32} =$

⑰ $\dfrac{12}{13} - \dfrac{30}{65} =$

⑨ $\dfrac{15}{18} - \dfrac{1}{27} =$

⑱ $\dfrac{11}{14} - \dfrac{21}{49} =$

분모가 다른 분수의 뺄셈 1
(진분수 – 진분수)

분   초
/18

■ 다음 분수의 뺄셈을 하시오. 답은 약분해서 씁니다.

① $\dfrac{1}{2} - \dfrac{1}{9} =$

② $\dfrac{1}{4} - \dfrac{1}{5} =$

③ $\dfrac{7}{8} - \dfrac{1}{12} =$

④ $\dfrac{12}{16} - \dfrac{1}{40} =$

⑤ $\dfrac{7}{8} - \dfrac{8}{18} =$

⑥ $\dfrac{6}{7} - \dfrac{1}{49} =$

⑦ $\dfrac{10}{12} - \dfrac{8}{42} =$

⑧ $\dfrac{15}{16} - \dfrac{10}{40} =$

⑨ $\dfrac{12}{13} - \dfrac{1}{26} =$

⑩ $\dfrac{1}{3} - \dfrac{1}{7} =$

⑪ $\dfrac{2}{3} - \dfrac{1}{6} =$

⑫ $\dfrac{10}{18} - \dfrac{5}{30} =$

⑬ $\dfrac{2}{3} - \dfrac{1}{13} =$

⑭ $\dfrac{8}{9} - \dfrac{12}{27} =$

⑮ $\dfrac{10}{18} - \dfrac{6}{24} =$

⑯ $\dfrac{10}{12} - \dfrac{5}{20} =$

⑰ $\dfrac{8}{10} - \dfrac{1}{50} =$

⑱ $\dfrac{10}{13} - \dfrac{12}{52} =$

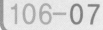

분모가 다른 분수의 뺄셈 1
(진분수 – 진분수)

분   초
/18

■ 다음 분수의 뺄셈을 하시오. 답은 약분해서 씁니다.

① $\dfrac{1}{2} - \dfrac{1}{8} =$

② $\dfrac{1}{4} - \dfrac{1}{10} =$

③ $\dfrac{6}{8} - \dfrac{4}{24} =$

④ $\dfrac{11}{15} - \dfrac{1}{20} =$

⑤ $\dfrac{5}{13} - \dfrac{6}{39} =$

⑥ $\dfrac{11}{14} - \dfrac{1}{42} =$

⑦ $\dfrac{8}{13} - \dfrac{1}{65} =$

⑧ $\dfrac{9}{10} - \dfrac{21}{45} =$

⑨ $\dfrac{10}{11} - \dfrac{1}{33} =$

⑩ $\dfrac{1}{3} - \dfrac{1}{7} =$

⑪ $\dfrac{11}{12} - \dfrac{1}{15} =$

⑫ $\dfrac{1}{2} - \dfrac{1}{18} =$

⑬ $\dfrac{14}{16} - \dfrac{1}{40} =$

⑭ $\dfrac{15}{18} - \dfrac{11}{45} =$

⑮ $\dfrac{8}{9} - \dfrac{1}{72} =$

⑯ $\dfrac{15}{16} - \dfrac{1}{20} =$

⑰ $\dfrac{7}{10} - \dfrac{1}{40} =$

⑱ $\dfrac{3}{4} - \dfrac{5}{14} =$

분모가 다른 분수의 뺄셈 1
(진분수 - 진분수)

분　　　초

/18

■ 다음 분수의 뺄셈을 하시오. 답은 약분해서 씁니다.

① $\dfrac{1}{5} - \dfrac{1}{8} =$

② $\dfrac{1}{5} - \dfrac{1}{17} =$

③ $\dfrac{2}{4} - \dfrac{1}{14} =$

④ $\dfrac{15}{16} - \dfrac{16}{24} =$

⑤ $\dfrac{10}{14} - \dfrac{7}{42} =$

⑥ $\dfrac{11}{13} - \dfrac{13}{65} =$

⑦ $\dfrac{15}{18} - \dfrac{4}{24} =$

⑧ $\dfrac{14}{15} - \dfrac{1}{20} =$

⑨ $\dfrac{7}{10} - \dfrac{1}{45} =$

⑩ $\dfrac{1}{2} - \dfrac{1}{7} =$

⑪ $\dfrac{1}{9} - \dfrac{1}{21} =$

⑫ $\dfrac{3}{4} - \dfrac{1}{24} =$

⑬ $\dfrac{17}{18} - \dfrac{7}{54} =$

⑭ $\dfrac{11}{12} - \dfrac{12}{24} =$

⑮ $\dfrac{10}{11} - \dfrac{1}{33} =$

⑯ $\dfrac{10}{14} - \dfrac{1}{28} =$

⑰ $\dfrac{15}{16} - \dfrac{1}{20} =$

⑱ $\dfrac{10}{14} - \dfrac{1}{49} =$

분모가 다른 분수의 뺄셈 1
(진분수 − 진분수)

분　　　초

/18

■ 다음 분수의 뺄셈을 하시오. 답은 약분해서 씁니다.

① $\dfrac{1}{2} - \dfrac{1}{8} =$

② $\dfrac{3}{4} - \dfrac{1}{7} =$

③ $\dfrac{15}{16} - \dfrac{2}{40} =$

④ $\dfrac{17}{21} - \dfrac{1}{28} =$

⑤ $\dfrac{15}{16} - \dfrac{32}{48} =$

⑥ $\dfrac{10}{12} - \dfrac{2}{20} =$

⑦ $\dfrac{21}{26} - \dfrac{12}{39} =$

⑧ $\dfrac{15}{18} - \dfrac{21}{36} =$

⑨ $\dfrac{15}{21} - \dfrac{9}{28} =$

⑩ $\dfrac{1}{5} - \dfrac{1}{8} =$

⑪ $\dfrac{8}{9} - \dfrac{1}{36} =$

⑫ $\dfrac{10}{16} - \dfrac{3}{32} =$

⑬ $\dfrac{12}{18} - \dfrac{1}{27} =$

⑭ $\dfrac{11}{12} - \dfrac{7}{14} =$

⑮ $\dfrac{10}{13} - \dfrac{6}{65} =$

⑯ $\dfrac{15}{18} - \dfrac{12}{36} =$

⑰ $\dfrac{9}{10} - \dfrac{7}{30} =$

⑱ $\dfrac{10}{11} - \dfrac{1}{77} =$

분모가 다른 분수의 뺄셈 1
(진분수 - 진분수)

분   초

/18

■ 다음 분수의 뺄셈을 하시오. 답은 약분해서 씁니다.

① $\dfrac{1}{5} - \dfrac{1}{9} =$

② $\dfrac{1}{5} - \dfrac{1}{11} =$

③ $\dfrac{3}{4} - \dfrac{7}{19} =$

④ $\dfrac{2}{3} - \dfrac{1}{17} =$

⑤ $\dfrac{13}{15} - \dfrac{10}{25} =$

⑥ $\dfrac{15}{18} - \dfrac{9}{45} =$

⑦ $\dfrac{9}{22} - \dfrac{6}{33} =$

⑧ $\dfrac{15}{18} - \dfrac{10}{27} =$

⑨ $\dfrac{13}{14} - \dfrac{1}{49} =$

⑩ $\dfrac{1}{3} - \dfrac{1}{8} =$

⑪ $\dfrac{5}{8} - \dfrac{2}{28} =$

⑫ $\dfrac{6}{7} - \dfrac{23}{63} =$

⑬ $\dfrac{11}{12} - \dfrac{3}{8} =$

⑭ $\dfrac{12}{14} - \dfrac{7}{35} =$

⑮ $\dfrac{8}{13} - \dfrac{7}{91} =$

⑯ $\dfrac{21}{24} - \dfrac{15}{32} =$

⑰ $\dfrac{17}{18} - \dfrac{1}{27} =$

⑱ $\dfrac{11}{13} - \dfrac{1}{52} =$

107 단계

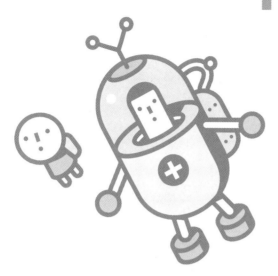

■ 학습 일정 관리표

	공부한 날	정답수	오답수	소요시간	표준완성시간
107-01호				분 초	
107-02호				분 초	
107-03호				분 초	
107-04호				분 초	1,2학년 : 정답중심
107-05호				분 초	
107-06호				분 초	3,4학년 : 정답중심
107-07호				분 초	5,6학년 : 7분이내
107-08호				분 초	
107-09호				분 초	
107-10호				분 초	

⊙ **대분수와 진분수의 뺄셈**

❶ $9\dfrac{1}{2} - \dfrac{2}{3}$

$= 9\dfrac{3}{6} - \dfrac{4}{6}$

❶ 뺄셈을 하기 위해 분모를 통분합니다.

2와 3의 최소공배수는 6이므로 6으로 통분해 줍니다.

❷ $8\dfrac{6+3}{6} - \dfrac{4}{6}$

$= 8\dfrac{9}{6} - \dfrac{4}{6}$

❷ $\dfrac{3}{6}$ 에서 $\dfrac{4}{6}$ 를 뺄 수 없으므로 자연수에서 1을

빌려와 가분수로 고쳐야 합니다.

즉, $9\dfrac{3}{6}$ 을 $8\dfrac{6+3}{6} = 8\dfrac{9}{6}$ 의 형태로 고쳐줍니다.

❸ $(8 - 0)\left(\dfrac{9}{6} - \dfrac{4}{6}\right)$

$= 8\dfrac{5}{6}$

❸ 자연수는 자연수끼리, 분수는 분수끼리 뺍니다.

$\dfrac{4}{6}$ 는 1이 넘지 않는 분수이므로 8 – 0,

$\dfrac{9}{6} - \dfrac{4}{6}$ 를 계산하면 $\dfrac{5}{6}$ 이므로 답은 $8\dfrac{5}{6}$ 입니다.

지도내용 뺄셈은 덧셈과는 달리 분수와 자연수를 분리하지 않고 계산하는 것이 편합니다. 피감수가 감수보다 더 작은 경우에 자연수에서 1을 빌려와야 하기 때문입니다. 이 점에 유의하여 지도해 주세요.

분모가 다른 분수의 뺄셈 2
(대분수 − 진분수)

분　　　초
/16

■ 다음 분수의 뺄셈을 하시오. 답은 약분해서 씁니다.

① $1 \dfrac{1}{3} - \dfrac{1}{4} =$

② $2 \dfrac{1}{2} - \dfrac{4}{5} =$

③ $3 \dfrac{1}{2} - \dfrac{5}{7} =$

④ $2 \dfrac{1}{5} - \dfrac{7}{8} =$

⑤ $1 \dfrac{2}{3} - \dfrac{14}{15} =$

⑥ $2 \dfrac{1}{3} - \dfrac{15}{16} =$

⑦ $3 \dfrac{1}{2} - \dfrac{12}{13} =$

⑧ $1 \dfrac{1}{7} - \dfrac{27}{28} =$

⑨ $1 \dfrac{1}{4} - \dfrac{4}{5} =$

⑩ $2 \dfrac{1}{6} - \dfrac{7}{8} =$

⑪ $3 \dfrac{1}{3} - \dfrac{8}{9} =$

⑫ $2 \dfrac{1}{4} - \dfrac{8}{9} =$

⑬ $5 \dfrac{1}{2} - \dfrac{9}{10} =$

⑭ $3 \dfrac{1}{6} - \dfrac{11}{12} =$

⑮ $2 \dfrac{1}{4} - \dfrac{15}{17} =$

⑯ $3 \dfrac{1}{8} - \dfrac{19}{28} =$

분모가 다른 분수의 뺄셈 2
(대분수 − 진분수)

분   초

/16

■ 다음 분수의 뺄셈을 하시오. 답은 약분해서 씁니다.

① $1\dfrac{1}{3} - \dfrac{6}{7} =$

② $3\dfrac{1}{2} - \dfrac{7}{8} =$

③ $3\dfrac{1}{4} - \dfrac{8}{9} =$

④ $2\dfrac{1}{9} - \dfrac{11}{12} =$

⑤ $4\dfrac{2}{8} - \dfrac{15}{16} =$

⑥ $3\dfrac{7}{9} - \dfrac{20}{21} =$

⑦ $2\dfrac{6}{8} - \dfrac{63}{64} =$

⑧ $3\dfrac{5}{16} - \dfrac{23}{24} =$

⑨ $1\dfrac{2}{4} - \dfrac{5}{6} =$

⑩ $2\dfrac{1}{3} - \dfrac{9}{10} =$

⑪ $3\dfrac{1}{4} - \dfrac{10}{11} =$

⑫ $2\dfrac{1}{5} - \dfrac{14}{15} =$

⑬ $2\dfrac{3}{7} - \dfrac{47}{49} =$

⑭ $4\dfrac{2}{4} - \dfrac{18}{19} =$

⑮ $2\dfrac{1}{12} - \dfrac{40}{42} =$

⑯ $3\dfrac{1}{12} - \dfrac{18}{20} =$

분모가 다른 분수의 뺄셈 2
(대분수 - 진분수)

분   초
/16

■ 다음 분수의 뺄셈을 하시오. 답은 약분해서 씁니다.

① $1\dfrac{1}{2} - \dfrac{2}{3} =$

② $2\dfrac{1}{5} - \dfrac{6}{7} =$

③ $3\dfrac{1}{4} - \dfrac{8}{9} =$

④ $2\dfrac{1}{6} - \dfrac{9}{10} =$

⑤ $1\dfrac{1}{3} - \dfrac{13}{14} =$

⑥ $4\dfrac{1}{9} - \dfrac{20}{21} =$

⑦ $5\dfrac{1}{4} - \dfrac{27}{28} =$

⑧ $3\dfrac{1}{16} - \dfrac{23}{24} =$

⑨ $1\dfrac{1}{2} - \dfrac{8}{9} =$

⑩ $2\dfrac{1}{3} - \dfrac{7}{8} =$

⑪ $4\dfrac{1}{9} - \dfrac{11}{12} =$

⑫ $2\dfrac{1}{10} - \dfrac{14}{15} =$

⑬ $2\dfrac{1}{5} - \dfrac{16}{17} =$

⑭ $3\dfrac{1}{8} - \dfrac{27}{28} =$

⑮ $2\dfrac{1}{12} - \dfrac{17}{18} =$

⑯ $1\dfrac{1}{3} - \dfrac{38}{39} =$

분모가 다른 분수의 뺄셈 2
(대분수 − 진분수)

분   초
/16

■ 다음 분수의 뺄셈을 하시오. 답은 약분해서 씁니다.

① $1\dfrac{1}{3} - \dfrac{6}{7} =$

② $2\dfrac{1}{4} - \dfrac{4}{5} =$

③ $3\dfrac{1}{3} - \dfrac{9}{10} =$

④ $2\dfrac{2}{8} - \dfrac{9}{10} =$

⑤ $1\dfrac{4}{8} - \dfrac{17}{18} =$

⑥ $3\dfrac{6}{12} - \dfrac{15}{20} =$

⑦ $2\dfrac{10}{13} - \dfrac{23}{65} =$

⑧ $3\dfrac{1}{11} - \dfrac{50}{55} =$

⑨ $1\dfrac{1}{2} - \dfrac{5}{8} =$

⑩ $2\dfrac{1}{5} - \dfrac{7}{8} =$

⑪ $3\dfrac{3}{9} - \dfrac{10}{18} =$

⑫ $2\dfrac{1}{3} - \dfrac{6}{14} =$

⑬ $1\dfrac{1}{5} - \dfrac{10}{15} =$

⑭ $3\dfrac{3}{8} - \dfrac{15}{27} =$

⑮ $2\dfrac{2}{9} - \dfrac{49}{81} =$

⑯ $4\dfrac{3}{10} - \dfrac{12}{15} =$

■ 다음 분수의 뺄셈을 하시오. 답은 약분해서 씁니다.

① $1\dfrac{1}{2} - \dfrac{2}{5} =$

② $2\dfrac{1}{7} - \dfrac{7}{9} =$

③ $2\dfrac{1}{2} - \dfrac{8}{11} =$

④ $4\dfrac{1}{5} - \dfrac{9}{12} =$

⑤ $3\dfrac{1}{4} - \dfrac{11}{13} =$

⑥ $2\dfrac{2}{10} - \dfrac{7}{15} =$

⑦ $3\dfrac{7}{10} - \dfrac{12}{18} =$

⑧ $4\dfrac{2}{7} - \dfrac{60}{63} =$

⑨ $2\dfrac{1}{3} - \dfrac{3}{6} =$

⑩ $3\dfrac{1}{6} - \dfrac{5}{8} =$

⑪ $4\dfrac{1}{6} - \dfrac{10}{18} =$

⑫ $3\dfrac{1}{6} - \dfrac{9}{15} =$

⑬ $2\dfrac{1}{9} - \dfrac{7}{12} =$

⑭ $2\dfrac{6}{11} - \dfrac{30}{33} =$

⑮ $3\dfrac{1}{12} - \dfrac{12}{15} =$

⑯ $2\dfrac{5}{15} - \dfrac{40}{45} =$

분모가 다른 분수의 뺄셈 2
(대분수 − 진분수)

분　　　초
/16

■ 다음 분수의 뺄셈을 하시오. 답은 약분해서 씁니다.

① $1\dfrac{1}{5} - \dfrac{1}{8} =$

② $1\dfrac{2}{3} - \dfrac{7}{8} =$

③ $1\dfrac{1}{3} - \dfrac{7}{10} =$

④ $1\dfrac{3}{8} - \dfrac{19}{24} =$

⑤ $3\dfrac{2}{9} - \dfrac{30}{36} =$

⑥ $2\dfrac{3}{10} - \dfrac{15}{20} =$

⑦ $2\dfrac{7}{12} - \dfrac{13}{18} =$

⑧ $4\dfrac{10}{12} - \dfrac{19}{32} =$

⑨ $1\dfrac{1}{2} - \dfrac{1}{4} =$

⑩ $1\dfrac{1}{6} - \dfrac{2}{9} =$

⑪ $3\dfrac{1}{4} - \dfrac{10}{16} =$

⑫ $2\dfrac{1}{3} - \dfrac{15}{17} =$

⑬ $3\dfrac{2}{8} - \dfrac{17}{20} =$

⑭ $2\dfrac{2}{12} - \dfrac{25}{30} =$

⑮ $3\dfrac{1}{6} - \dfrac{12}{15} =$

⑯ $2\dfrac{1}{11} - \dfrac{34}{44} =$

■ 다음 분수의 뺄셈을 하시오. 답은 약분해서 씁니다.

① $1\frac{1}{3} - \frac{1}{6} =$

② $2\frac{1}{5} - \frac{3}{8} =$

③ $3\frac{3}{4} - \frac{6}{24} =$

④ $2\frac{2}{9} - \frac{9}{27} =$

⑤ $4\frac{2}{9} - \frac{7}{15} =$

⑥ $3\frac{1}{12} - \frac{8}{16} =$

⑦ $5\frac{7}{14} - \frac{30}{35} =$

⑧ $3\frac{3}{12} - \frac{18}{20} =$

⑨ $1\frac{1}{6} - \frac{1}{9} =$

⑩ $2\frac{1}{2} - \frac{4}{7} =$

⑪ $4\frac{2}{5} - \frac{30}{35} =$

⑫ $3\frac{4}{8} - \frac{8}{10} =$

⑬ $3\frac{3}{5} - \frac{12}{17} =$

⑭ $4\frac{10}{16} - \frac{20}{24} =$

⑮ $2\frac{7}{13} - \frac{32}{65} =$

⑯ $4\frac{8}{11} - \frac{40}{44} =$

분모가 다른 분수의 뺄셈 2
(대분수 − 진분수)

분   초
/16

■ 다음 분수의 뺄셈을 하시오. 답은 약분해서 씁니다.

① $1\dfrac{1}{3} - \dfrac{1}{9} =$

② $2\dfrac{1}{2} - \dfrac{2}{5} =$

③ $2\dfrac{3}{9} - \dfrac{12}{21} =$

④ $3\dfrac{5}{8} - \dfrac{20}{40} =$

⑤ $2\dfrac{3}{8} - \dfrac{8}{12} =$

⑥ $1\dfrac{1}{3} - \dfrac{11}{17} =$

⑦ $3\dfrac{2}{5} - \dfrac{12}{16} =$

⑧ $2\dfrac{10}{13} - \dfrac{25}{32} =$

⑨ $1\dfrac{1}{4} - \dfrac{1}{7} =$

⑩ $3\dfrac{2}{5} - \dfrac{7}{9} =$

⑪ $2\dfrac{3}{7} - \dfrac{40}{49} =$

⑫ $3\dfrac{1}{3} - \dfrac{8}{13} =$

⑬ $2\dfrac{2}{6} - \dfrac{13}{15} =$

⑭ $2\dfrac{4}{8} - \dfrac{15}{18} =$

⑮ $3\dfrac{8}{14} - \dfrac{35}{49} =$

⑯ $3\dfrac{9}{18} - \dfrac{24}{27} =$

분모가 다른 분수의 뺄셈 2
(대분수 - 진분수)

분   초
/16

■ 다음 분수의 뺄셈을 하시오. 답은 약분해서 씁니다.

① $1\dfrac{1}{3} - \dfrac{1}{4} =$

② $2\dfrac{1}{4} - \dfrac{5}{7} =$

③ $2\dfrac{1}{3} - \dfrac{15}{16} =$

④ $4\dfrac{1}{6} - \dfrac{12}{15} =$

⑤ $3\dfrac{2}{9} - \dfrac{21}{24} =$

⑥ $2\dfrac{5}{10} - \dfrac{8}{12} =$

⑦ $3\dfrac{5}{10} - \dfrac{7}{18} =$

⑧ $2\dfrac{1}{16} - \dfrac{28}{40} =$

⑨ $1\dfrac{1}{2} - \dfrac{1}{8} =$

⑩ $3\dfrac{1}{8} - \dfrac{7}{9} =$

⑪ $2\dfrac{1}{5} - \dfrac{10}{11} =$

⑫ $3\dfrac{2}{4} - \dfrac{15}{18} =$

⑬ $3\dfrac{2}{4} - \dfrac{12}{19} =$

⑭ $2\dfrac{12}{15} - \dfrac{18}{20} =$

⑮ $3\dfrac{6}{10} - \dfrac{25}{30} =$

⑯ $2\dfrac{14}{18} - \dfrac{21}{24} =$

분모가 다른 분수의 뺄셈 2
(대분수 – 진분수)

분   초

/16

■ 다음 분수의 뺄셈을 하시오. 답은 약분해서 씁니다.

① $1\dfrac{1}{4} - \dfrac{1}{6} =$

② $2\dfrac{1}{3} - \dfrac{7}{8} =$

③ $2\dfrac{1}{8} - \dfrac{5}{10} =$

④ $3\dfrac{2}{7} - \dfrac{58}{63} =$

⑤ $2\dfrac{8}{12} - \dfrac{21}{24} =$

⑥ $3\dfrac{7}{11} - \dfrac{28}{33} =$

⑦ $2\dfrac{8}{15} - \dfrac{27}{30} =$

⑧ $3\dfrac{7}{16} - \dfrac{78}{80} =$

⑨ $1\dfrac{1}{4} - \dfrac{1}{7} =$

⑩ $2\dfrac{2}{5} - \dfrac{6}{8} =$

⑪ $3\dfrac{2}{4} - \dfrac{8}{11} =$

⑫ $2\dfrac{7}{9} - \dfrac{17}{18} =$

⑬ $2\dfrac{9}{18} - \dfrac{18}{24} =$

⑭ $2\dfrac{12}{14} - \dfrac{31}{35} =$

⑮ $3\dfrac{2}{12} - \dfrac{40}{48} =$

⑯ $4\dfrac{8}{12} - \dfrac{30}{32} =$

108 단계

■ 학습 일정 관리표

	공부한 날	정답수	오답수	소요시간	표준완성시간
108-01호				분 초	1,2학년 : 정답중심 3,4학년 : 정답중심 5,6학년 : 7분이내
108-02호				분 초	
108-03호				분 초	
108-04호				분 초	
108-05호				분 초	
108-06호				분 초	
108-07호				분 초	
108-08호				분 초	
108-09호				분 초	
108-10호				분 초	

분모가 다른 분수의 뺄셈은 통분에 유의해서 문제를 풀도록 합니다.

⊙ **대분수와 진분수의 뺄셈**

❶ $8\dfrac{1}{16} - \dfrac{3}{32}$

$\quad = 8\dfrac{2}{32} - \dfrac{3}{32}$

❶ 분모를 통분합니다. 16과 32는 공약수를 가지는 두 수이므로 최소공배수인 32로 통분합니다.

❷ $7\dfrac{34}{32} - \dfrac{3}{32}$

❷ $\dfrac{2}{32}$ 에서 $\dfrac{3}{32}$ 을 뺄 수 없으므로 자연수 8에서 1을 빌려와 피감수를 가분수 형태로 만들어 줍니다.

❸ $(7-0)\left(\dfrac{34}{32} - \dfrac{3}{32}\right)$

$\quad = 7\dfrac{31}{32}$

❸ 자연수는 자연수끼리, 분수는 분수끼리 계산합니다. 계산한 결과는 $7\dfrac{31}{32}$ 입니다.

빼어지는 수의 자연수 부분에서 1을 받아내림하여 진분수 부분을 가분수로 고쳐서 계산한다.

지도내용 자연수에서 분수에 숫자를 빌려준다는 개념을 잘 이해할 수 있도록 지도해 주세요.

분모가 다른 분수의 뺄셈 2
(대분수 - 진분수)

분　　초
/16

■ 다음 분수의 뺄셈을 하시오. 답은 약분해서 씁니다.

① $3\dfrac{1}{4} - \dfrac{15}{17} =$

② $5\dfrac{1}{15} - \dfrac{17}{30} =$

③ $1\dfrac{1}{12} - \dfrac{40}{48} =$

④ $4\dfrac{3}{5} - \dfrac{11}{12} =$

⑤ $9\dfrac{2}{13} - \dfrac{50}{52} =$

⑥ $7\dfrac{1}{26} - \dfrac{35}{39} =$

⑦ $3\dfrac{1}{15} - \dfrac{21}{25} =$

⑧ $6\dfrac{1}{18} - \dfrac{42}{45} =$

⑨ $4\dfrac{2}{6} - \dfrac{15}{16} =$

⑩ $5\dfrac{2}{5} - \dfrac{10}{13} =$

⑪ $3\dfrac{3}{13} - \dfrac{27}{39} =$

⑫ $2\dfrac{4}{16} - \dfrac{21}{24} =$

⑬ $4\dfrac{6}{18} - \dfrac{26}{27} =$

⑭ $5\dfrac{4}{14} - \dfrac{34}{35} =$

⑮ $3\dfrac{1}{11} - \dfrac{31}{33} =$

⑯ $6\dfrac{1}{18} - \dfrac{21}{24} =$

분모가 다른 분수의 뺄셈 2
(대분수 – 진분수)

■ 다음 분수의 뺄셈을 하시오. 답은 약분해서 씁니다.

① $3\dfrac{1}{4} - \dfrac{13}{14} =$

② $4\dfrac{4}{14} - \dfrac{24}{28} =$

③ $2\dfrac{2}{11} - \dfrac{52}{66} =$

④ $1\dfrac{5}{18} - \dfrac{15}{45} =$

⑤ $3\dfrac{3}{13} - \dfrac{33}{39} =$

⑥ $2\dfrac{2}{12} - \dfrac{18}{20} =$

⑦ $5\dfrac{1}{13} - \dfrac{64}{65} =$

⑧ $7\dfrac{2}{10} - \dfrac{42}{50} =$

⑨ $6\dfrac{1}{8} - \dfrac{9}{10} =$

⑩ $7\dfrac{2}{12} - \dfrac{32}{36} =$

⑪ $4\dfrac{4}{16} - \dfrac{44}{48} =$

⑫ $5\dfrac{6}{16} - \dfrac{16}{24} =$

⑬ $9\dfrac{2}{26} - \dfrac{32}{39} =$

⑭ $7\dfrac{8}{18} - \dfrac{18}{27} =$

⑮ $6\dfrac{2}{12} - \dfrac{52}{60} =$

⑯ $5\dfrac{1}{13} - \dfrac{50}{52} =$

분모가 다른 분수의 뺄셈 2
(대분수 − 진분수)

분   초
/16

■ 다음 분수의 뺄셈을 하시오. 답은 약분해서 씁니다.

① $3\dfrac{1}{5} - \dfrac{12}{15} =$

② $4\dfrac{2}{6} - \dfrac{14}{16} =$

③ $2\dfrac{1}{18} - \dfrac{21}{24} =$

④ $5\dfrac{3}{18} - \dfrac{34}{36} =$

⑤ $6\dfrac{2}{12} - \dfrac{14}{15} =$

⑥ $7\dfrac{5}{18} - \dfrac{25}{30} =$

⑦ $8\dfrac{3}{13} - \dfrac{51}{52} =$

⑧ $4\dfrac{5}{14} - \dfrac{45}{49} =$

⑨ $3\dfrac{2}{8} - \dfrac{24}{28} =$

⑩ $2\dfrac{1}{12} - \dfrac{5}{15} =$

⑪ $5\dfrac{4}{16} - \dfrac{12}{24} =$

⑫ $4\dfrac{3}{14} - \dfrac{32}{42} =$

⑬ $3\dfrac{5}{13} - \dfrac{25}{26} =$

⑭ $2\dfrac{7}{11} - \dfrac{42}{44} =$

⑮ $5\dfrac{5}{15} - \dfrac{15}{25} =$

⑯ $4\dfrac{3}{4} - \dfrac{16}{17} =$

분모가 다른 분수의 뺄셈 2
(대분수 – 진분수)

분   초

/16

■ 다음 분수의 뺄셈을 하시오. 답은 약분해서 씁니다.

① $4\dfrac{2}{5} - \dfrac{15}{16} =$

② $3\dfrac{4}{12} - \dfrac{14}{18} =$

③ $2\dfrac{3}{4} - \dfrac{9}{10} =$

④ $5\dfrac{5}{16} - \dfrac{21}{24} =$

⑤ $4\dfrac{4}{20} - \dfrac{11}{12} =$

⑥ $7\dfrac{2}{14} - \dfrac{32}{35} =$

⑦ $6\dfrac{2}{12} - \dfrac{52}{60} =$

⑧ $8\dfrac{2}{10} - \dfrac{12}{16} =$

⑨ $3\dfrac{1}{9} - \dfrac{21}{27} =$

⑩ $5\dfrac{1}{10} - \dfrac{11}{12} =$

⑪ $4\dfrac{2}{18} - \dfrac{42}{45} =$

⑫ $6\dfrac{2}{8} - \dfrac{42}{45} =$

⑬ $7\dfrac{1}{18} - \dfrac{43}{45} =$

⑭ $8\dfrac{3}{26} - \dfrac{37}{39} =$

⑮ $5\dfrac{2}{13} - \dfrac{50}{52} =$

⑯ $6\dfrac{4}{25} - \dfrac{74}{75} =$

분모가 다른 분수의 뺄셈 2
(대분수 - 진분수)

■ 다음 분수의 뺄셈을 하시오. 답은 약분해서 씁니다.

① $4\dfrac{2}{6} - \dfrac{22}{30} =$

② $3\dfrac{1}{10} - \dfrac{10}{12} =$

③ $2\dfrac{1}{4} - \dfrac{40}{44} =$

④ $5\dfrac{4}{16} - \dfrac{14}{24} =$

⑤ $7\dfrac{3}{12} - \dfrac{33}{42} =$

⑥ $3\dfrac{10}{32} - \dfrac{60}{64} =$

⑦ $4\dfrac{4}{30} - \dfrac{84}{90} =$

⑧ $6\dfrac{3}{13} - \dfrac{72}{78} =$

⑨ $2\dfrac{1}{8} - \dfrac{15}{18} =$

⑩ $4\dfrac{2}{12} - \dfrac{19}{30} =$

⑪ $6\dfrac{4}{10} - \dfrac{44}{50} =$

⑫ $3\dfrac{3}{11} - \dfrac{63}{66} =$

⑬ $5\dfrac{2}{18} - \dfrac{28}{30} =$

⑭ $7\dfrac{11}{42} - \dfrac{81}{84} =$

⑮ $8\dfrac{5}{16} - \dfrac{75}{80} =$

⑯ $5\dfrac{2}{12} - \dfrac{22}{30} =$

분모가 다른 분수의 뺄셈 2
(대분수 – 진분수)

분　　　초
/16

■ 다음 분수의 뺄셈을 하시오. 답은 약분해서 씁니다.

① $2\dfrac{1}{8} - \dfrac{61}{64} =$

② $6\dfrac{1}{14} - \dfrac{20}{21} =$

③ $9\dfrac{2}{9} - \dfrac{62}{72} =$

④ $4\dfrac{5}{12} - \dfrac{15}{18} =$

⑤ $7\dfrac{1}{13} - \dfrac{24}{26} =$

⑥ $8\dfrac{1}{18} - \dfrac{25}{27} =$

⑦ $5\dfrac{1}{20} - \dfrac{75}{80} =$

⑧ $4\dfrac{5}{26} - \dfrac{15}{39} =$

⑨ $5\dfrac{7}{14} - \dfrac{52}{56} =$

⑩ $3\dfrac{3}{18} - \dfrac{11}{24} =$

⑪ $2\dfrac{1}{8} - \dfrac{70}{72} =$

⑫ $4\dfrac{2}{16} - \dfrac{5}{20} =$

⑬ $5\dfrac{3}{14} - \dfrac{41}{42} =$

⑭ $6\dfrac{9}{18} - \dfrac{70}{72} =$

⑮ $7\dfrac{7}{13} - \dfrac{64}{65} =$

⑯ $8\dfrac{3}{13} - \dfrac{31}{39} =$

■ 다음 분수의 뺄셈을 하시오. 답은 약분해서 씁니다.

① $4\dfrac{1}{2} - \dfrac{52}{60} =$

② $5\dfrac{1}{5} - \dfrac{73}{95} =$

③ $3\dfrac{1}{10} - \dfrac{58}{60} =$

④ $2\dfrac{3}{8} - \dfrac{45}{48} =$

⑤ $6\dfrac{2}{12} - \dfrac{28}{30} =$

⑥ $2\dfrac{2}{16} - \dfrac{12}{24} =$

⑦ $4\dfrac{5}{30} - \dfrac{15}{45} =$

⑧ $3\dfrac{3}{26} - \dfrac{50}{78} =$

⑨ $5\dfrac{1}{4} - \dfrac{21}{24} =$

⑩ $4\dfrac{1}{8} - \dfrac{32}{36} =$

⑪ $2\dfrac{4}{18} - \dfrac{14}{27} =$

⑫ $5\dfrac{2}{14} - \dfrac{7}{35} =$

⑬ $6\dfrac{3}{15} - \dfrac{9}{18} =$

⑭ $2\dfrac{5}{11} - \dfrac{52}{66} =$

⑮ $3\dfrac{2}{13} - \dfrac{62}{78} =$

⑯ $5\dfrac{4}{18} - \dfrac{48}{54} =$

분모가 다른 분수의 뺄셈 2
(대분수 - 진분수)

■ 다음 분수의 뺄셈을 하시오. 답은 약분해서 씁니다.

① $3\dfrac{1}{8} - \dfrac{8}{10} =$

② $4\dfrac{2}{8} - \dfrac{12}{18} =$

③ $5\dfrac{1}{5} - \dfrac{15}{17} =$

④ $7\dfrac{3}{15} - \dfrac{43}{45} =$

⑤ $2\dfrac{2}{14} - \dfrac{42}{49} =$

⑥ $6\dfrac{4}{12} - \dfrac{54}{60} =$

⑦ $4\dfrac{5}{35} - \dfrac{65}{70} =$

⑧ $3\dfrac{8}{36} - \dfrac{71}{72} =$

⑨ $5\dfrac{1}{6} - \dfrac{15}{18} =$

⑩ $6\dfrac{3}{13} - \dfrac{64}{65} =$

⑪ $8\dfrac{4}{12} - \dfrac{15}{16} =$

⑫ $6\dfrac{5}{18} - \dfrac{35}{36} =$

⑬ $7\dfrac{3}{18} - \dfrac{25}{27} =$

⑭ $4\dfrac{4}{16} - \dfrac{45}{48} =$

⑮ $3\dfrac{2}{22} - \dfrac{43}{44} =$

⑯ $4\dfrac{1}{30} - \dfrac{45}{90} =$

분모가 다른 분수의 뺄셈 2
(대분수 – 진분수)

분　　　초
　　　　/16

■ 다음 분수의 뺄셈을 하시오. 답은 약분해서 씁니다.

① $4\dfrac{1}{7} - \dfrac{50}{63} =$

② $3\dfrac{1}{5} - \dfrac{24}{40} =$

③ $5\dfrac{6}{16} - \dfrac{26}{32} =$

④ $2\dfrac{2}{12} - \dfrac{28}{30} =$

⑤ $4\dfrac{4}{18} - \dfrac{52}{54} =$

⑥ $6\dfrac{2}{12} - \dfrac{45}{48} =$

⑦ $7\dfrac{7}{10} - \dfrac{38}{40} =$

⑧ $6\dfrac{6}{18} - \dfrac{52}{54} =$

⑨ $4\dfrac{1}{4} - \dfrac{52}{60} =$

⑩ $8\dfrac{1}{6} - \dfrac{51}{54} =$

⑪ $5\dfrac{5}{15} - \dfrac{15}{18} =$

⑫ $3\dfrac{4}{18} - \dfrac{34}{36} =$

⑬ $2\dfrac{3}{13} - \dfrac{23}{26} =$

⑭ $4\dfrac{4}{18} - \dfrac{71}{72} =$

⑮ $5\dfrac{3}{11} - \dfrac{52}{55} =$

⑯ $2\dfrac{5}{25} - \dfrac{73}{75} =$

■ 다음 분수의 뺄셈을 하시오. 답은 약분해서 씁니다.

① $4\frac{1}{7} - \frac{42}{49} =$

② $3\frac{3}{13} - \frac{64}{65} =$

③ $5\frac{2}{13} - \frac{72}{78} =$

④ $7\frac{8}{18} - \frac{18}{24} =$

⑤ $6\frac{4}{21} - \frac{24}{28} =$

⑥ $3\frac{2}{18} - \frac{28}{30} =$

⑦ $2\frac{5}{11} - \frac{75}{77} =$

⑧ $4\frac{1}{13} - \frac{90}{91} =$

⑨ $5\frac{1}{10} - \frac{15}{18} =$

⑩ $3\frac{2}{14} - \frac{32}{35} =$

⑪ $4\frac{5}{18} - \frac{25}{27} =$

⑫ $2\frac{4}{14} - \frac{65}{70} =$

⑬ $5\frac{3}{13} - \frac{73}{78} =$

⑭ $4\frac{3}{26} - \frac{35}{39} =$

⑮ $6\frac{2}{12} - \frac{58}{60} =$

⑯ $2\frac{4}{16} - \frac{74}{80} =$

■ 학습 일정 관리표

	공부한 날	정답수	오답수	소요시간	표준완성시간
109-01호				분 초	
109-02호				분 초	
109-03호				분 초	
109-04호				분 초	1,2학년 : 정답중심
109-05호				분 초	
109-06호				분 초	3,4학년 : 정답중심
109-07호				분 초	
109-08호				분 초	5,6학년 : 7분이내
109-09호				분 초	
109-10호				분 초	

분모가 다른 대분수끼리의 뺄셈은 분모를 최소공배수로 통분해 줍니다.

⊙ 대분수끼리의 뺄셈

❶ $7\dfrac{1}{4} - 2\dfrac{3}{5}$

$= 7\dfrac{5}{20} - 2\dfrac{12}{20}$

❶ 4와 5의 최소공배수는 20이므로 통분해 줍니다.

❷ $6\dfrac{20+5}{20} - 2\dfrac{12}{20}$

$= 6\dfrac{25}{20} - 2\dfrac{12}{20}$

❷ $\dfrac{5}{20}$ 에서 $\dfrac{12}{20}$ 를 뺄 수 없으므로 자연수에서 1을 빌려와 가분수 형태로 고칩니다.

❸ $(6 - 2)\left(\dfrac{25}{20} - \dfrac{12}{20}\right)$

$= 4\dfrac{13}{20}$

❸ 자연수는 자연수끼리, 분수는 분수끼리 계산합니다.

답은 $4\dfrac{13}{20}$ 입니다.

받아내림이 있는 (대분수) − (대분수)에서 진분수끼리 뺄 수 없을 경우 자연수 부분에서 1을 받아내림하여 계산하거나 가분수로 고쳐서 계산합니다.

지도내용 자연수와 분수 모두 계산이 이루어지는 내용입니다. 각 부분의 계산이 잘 이루어지고 있는지 주의하여 지도해 주세요.

■ 다음 분수의 뺄셈을 하시오. 답은 약분해서 씁니다.

① $1\dfrac{1}{2} - 1\dfrac{1}{3} =$

② $2\dfrac{1}{5} - 1\dfrac{1}{7} =$

③ $2\dfrac{1}{4} - 1\dfrac{1}{10} =$

④ $4\dfrac{1}{2} - 1\dfrac{10}{13} =$

⑤ $3\dfrac{1}{5} - 1\dfrac{4}{16} =$

⑥ $2\dfrac{2}{10} - 1\dfrac{6}{12} =$

⑦ $2\dfrac{2}{8} - 1\dfrac{8}{16} =$

⑧ $3\dfrac{1}{2} - 1\dfrac{7}{10} =$

⑨ $1\dfrac{1}{4} - 1\dfrac{1}{5} =$

⑩ $2\dfrac{1}{2} - 1\dfrac{1}{6} =$

⑪ $3\dfrac{1}{3} - 1\dfrac{1}{16} =$

⑫ $2\dfrac{2}{9} - 1\dfrac{12}{18} =$

⑬ $3\dfrac{1}{6} - 1\dfrac{9}{12} =$

⑭ $2\dfrac{1}{5} - 1\dfrac{12}{15} =$

⑮ $4\dfrac{2}{5} - 1\dfrac{15}{17} =$

⑯ $3\dfrac{3}{9} - 1\dfrac{24}{27} =$

분모가 다른 분수의 뺄셈 3
(대분수 − 대분수)

분   초
/16

■ 다음 분수의 뺄셈을 하시오. 답은 약분해서 씁니다.

① $2\dfrac{1}{3} - 1\dfrac{1}{6} =$

② $4\dfrac{1}{4} - 2\dfrac{1}{7} =$

③ $5\dfrac{2}{3} - 2\dfrac{5}{15} =$

④ $4\dfrac{2}{4} - 2\dfrac{17}{19} =$

⑤ $3\dfrac{1}{3} - 1\dfrac{15}{16} =$

⑥ $6\dfrac{3}{9} - 2\dfrac{32}{36} =$

⑦ $5\dfrac{2}{8} - 2\dfrac{30}{64} =$

⑧ $4\dfrac{2}{12} - 1\dfrac{10}{20} =$

⑨ $3\dfrac{1}{2} - 2\dfrac{1}{9} =$

⑩ $5\dfrac{1}{5} - 2\dfrac{1}{6} =$

⑪ $6\dfrac{1}{4} - 3\dfrac{20}{28} =$

⑫ $5\dfrac{2}{8} - 2\dfrac{21}{24} =$

⑬ $3\dfrac{1}{7} - 1\dfrac{42}{49} =$

⑭ $4\dfrac{4}{6} - 2\dfrac{15}{18} =$

⑮ $3\dfrac{1}{4} - 1\dfrac{20}{40} =$

⑯ $7\dfrac{5}{15} - 3\dfrac{15}{25} =$

분모가 다른 분수의 뺄셈 3
(대분수 - 대분수)

분　　초
/16

■ 다음 분수의 뺄셈을 하시오. 답은 약분해서 씁니다.

① $2\dfrac{1}{3} - 1\dfrac{1}{4} =$

② $3\dfrac{1}{2} - 1\dfrac{1}{5} =$

③ $4\dfrac{2}{7} - 2\dfrac{15}{21} =$

④ $2\dfrac{1}{5} - 1\dfrac{2}{12} =$

⑤ $3\dfrac{2}{8} - 2\dfrac{12}{18} =$

⑥ $3\dfrac{1}{12} - 1\dfrac{7}{15} =$

⑦ $4\dfrac{2}{8} - 1\dfrac{8}{10} =$

⑧ $5\dfrac{3}{12} - 2\dfrac{13}{18} =$

⑨ $2\dfrac{1}{4} - 1\dfrac{1}{6} =$

⑩ $4\dfrac{1}{6} - 1\dfrac{1}{8} =$

⑪ $5\dfrac{1}{5} - 2\dfrac{10}{20} =$

⑫ $2\dfrac{1}{5} - 1\dfrac{7}{13} =$

⑬ $3\dfrac{2}{10} - 1\dfrac{9}{20} =$

⑭ $2\dfrac{1}{3} - 1\dfrac{10}{17} =$

⑮ $4\dfrac{1}{6} - 2\dfrac{20}{24} =$

⑯ $3\dfrac{3}{10} - 1\dfrac{11}{15} =$

분모가 다른 분수의 뺄셈 3
(대분수 − 대분수)

분   초
/16

■ 다음 분수의 뺄셈을 하시오. 답은 약분해서 씁니다.

① $3\dfrac{1}{5} - 1\dfrac{1}{8} =$

② $4\dfrac{1}{3} - 2\dfrac{3}{7} =$

③ $2\dfrac{2}{5} - 1\dfrac{5}{10} =$

④ $4\dfrac{2}{6} - 1\dfrac{7}{10} =$

⑤ $5\dfrac{1}{8} - 2\dfrac{12}{24} =$

⑥ $3\dfrac{2}{9} - 1\dfrac{17}{27} =$

⑦ $2\dfrac{1}{3} - 1\dfrac{10}{14} =$

⑧ $3\dfrac{4}{14} - 1\dfrac{14}{21} =$

⑨ $4\dfrac{1}{2} - 2\dfrac{1}{6} =$

⑩ $3\dfrac{3}{4} - 1\dfrac{2}{8} =$

⑪ $2\dfrac{1}{4} - 1\dfrac{4}{14} =$

⑫ $3\dfrac{1}{5} - 1\dfrac{7}{17} =$

⑬ $4\dfrac{2}{6} - 2\dfrac{8}{18} =$

⑭ $3\dfrac{3}{10} - 1\dfrac{10}{15} =$

⑮ $4\dfrac{2}{8} - 1\dfrac{8}{10} =$

⑯ $3\dfrac{2}{12} - 1\dfrac{10}{18} =$

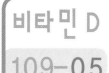

분모가 다른 분수의 뺄셈 3
(대분수 - 대분수)

■ 다음 분수의 뺄셈을 하시오. 답은 약분해서 씁니다.

① $1\dfrac{1}{3} - 1\dfrac{1}{5} =$

② $3\dfrac{1}{4} - 1\dfrac{1}{5} =$

③ $2\dfrac{2}{4} - 1\dfrac{10}{12} =$

④ $3\dfrac{4}{8} - 1\dfrac{14}{18} =$

⑤ $4\dfrac{1}{2} - 2\dfrac{7}{11} =$

⑥ $5\dfrac{2}{8} - 2\dfrac{13}{28} =$

⑦ $3\dfrac{2}{5} - 1\dfrac{9}{17} =$

⑧ $4\dfrac{3}{10} - 2\dfrac{12}{30} =$

⑨ $1\dfrac{1}{2} - 1\dfrac{1}{8} =$

⑩ $2\dfrac{1}{3} - 1\dfrac{1}{9} =$

⑪ $3\dfrac{2}{5} - 1\dfrac{10}{12} =$

⑫ $5\dfrac{2}{8} - 2\dfrac{10}{16} =$

⑬ $4\dfrac{1}{4} - 2\dfrac{7}{13} =$

⑭ $3\dfrac{3}{9} - 1\dfrac{6}{36} =$

⑮ $2\dfrac{2}{12} - 1\dfrac{8}{20} =$

⑯ $3\dfrac{4}{18} - 1\dfrac{14}{27} =$

분모가 다른 분수의 뺄셈 3
(대분수 – 대분수)

분   초

/16

■ 다음 분수의 뺄셈을 하시오. 답은 약분해서 씁니다.

① $1\dfrac{1}{4} - 1\dfrac{1}{6} =$

② $3\dfrac{1}{3} - 1\dfrac{1}{7} =$

③ $2\dfrac{4}{6} - 1\dfrac{8}{10} =$

④ $3\dfrac{2}{8} - 2\dfrac{9}{15} =$

⑤ $4\dfrac{3}{10} - 2\dfrac{9}{15} =$

⑥ $3\dfrac{2}{8} - 1\dfrac{8}{12} =$

⑦ $5\dfrac{1}{3} - 2\dfrac{11}{17} =$

⑧ $3\dfrac{4}{14} - 1\dfrac{10}{49} =$

⑨ $1\dfrac{1}{2} - 1\dfrac{1}{5} =$

⑩ $2\dfrac{1}{4} - 1\dfrac{1}{8} =$

⑪ $3\dfrac{3}{16} - 1\dfrac{10}{40} =$

⑫ $4\dfrac{2}{9} - 2\dfrac{20}{36} =$

⑬ $5\dfrac{2}{12} - 2\dfrac{8}{20} =$

⑭ $3\dfrac{3}{6} - 1\dfrac{13}{15} =$

⑮ $4\dfrac{9}{16} - 2\dfrac{20}{32} =$

⑯ $3\dfrac{10}{12} - 1\dfrac{15}{36} =$

분모가 다른 분수의 뺄셈 3
(대분수 - 대분수)

분   초
/16

■ 다음 분수의 뺄셈을 하시오. 답은 약분해서 씁니다.

① $1\frac{1}{3} - 1\frac{1}{4} =$

② $2\frac{3}{6} - 1\frac{3}{9} =$

③ $3\frac{1}{2} - 1\frac{3}{4} =$

④ $2\frac{2}{3} - 1\frac{5}{15} =$

⑤ $4\frac{1}{6} - 2\frac{10}{15} =$

⑥ $5\frac{7}{15} - 2\frac{10}{25} =$

⑦ $3\frac{3}{15} - 1\frac{8}{18} =$

⑧ $2\frac{5}{10} - 1\frac{15}{20} =$

⑨ $1\frac{1}{2} - 1\frac{1}{7} =$

⑩ $3\frac{1}{4} - 1\frac{3}{9} =$

⑪ $2\frac{1}{8} - 1\frac{8}{12} =$

⑫ $4\frac{1}{4} - 2\frac{7}{10} =$

⑬ $3\frac{1}{5} - 1\frac{8}{13} =$

⑭ $4\frac{1}{9} - 2\frac{9}{15} =$

⑮ $2\frac{8}{16} - 1\frac{12}{32} =$

⑯ $3\frac{5}{18} - 1\frac{10}{27} =$

분모가 다른 분수의 뺄셈 3
(대분수 - 대분수)

분   초

/16

■ 다음 분수의 뺄셈을 하시오. 답은 약분해서 씁니다.

① $1\dfrac{1}{5} - 1\dfrac{1}{6} =$

② $2\dfrac{1}{8} - 1\dfrac{1}{9} =$

③ $3\dfrac{5}{16} - 1\dfrac{3}{12} =$

④ $2\dfrac{6}{12} - 1\dfrac{5}{15} =$

⑤ $3\dfrac{1}{4} - 1\dfrac{8}{18} =$

⑥ $4\dfrac{6}{12} - 2\dfrac{9}{20} =$

⑦ $3\dfrac{3}{9} - 1\dfrac{10}{15} =$

⑧ $3\dfrac{4}{8} - 1\dfrac{7}{10} =$

⑨ $1\dfrac{1}{6} - 1\dfrac{1}{7} =$

⑩ $3\dfrac{1}{7} - 2\dfrac{1}{14} =$

⑪ $4\dfrac{4}{5} - 2\dfrac{2}{20} =$

⑫ $2\dfrac{7}{12} - 1\dfrac{6}{18} =$

⑬ $3\dfrac{1}{5} - 1\dfrac{7}{17} =$

⑭ $4\dfrac{7}{13} - 2\dfrac{20}{39} =$

⑮ $3\dfrac{8}{11} - 1\dfrac{12}{22} =$

⑯ $4\dfrac{3}{15} - 2\dfrac{15}{25} =$

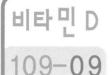

분모가 다른 분수의 뺄셈 3
(대분수 - 대분수)

분   초
/16

■ 다음 분수의 뺄셈을 하시오. 답은 약분해서 씁니다.

① $1\dfrac{1}{4} - 1\dfrac{1}{5} =$

② $3\dfrac{2}{6} - 1\dfrac{8}{9} =$

③ $2\dfrac{2}{4} - 1\dfrac{7}{11} =$

④ $4\dfrac{4}{18} - 2\dfrac{19}{24} =$

⑤ $3\dfrac{8}{12} - 2\dfrac{30}{42} =$

⑥ $4\dfrac{5}{15} - 1\dfrac{7}{20} =$

⑦ $3\dfrac{3}{10} - 2\dfrac{10}{18} =$

⑧ $2\dfrac{3}{12} - 1\dfrac{7}{16} =$

⑨ $1\dfrac{1}{5} - 1\dfrac{1}{8} =$

⑩ $3\dfrac{1}{3} - 1\dfrac{5}{6} =$

⑪ $2\dfrac{2}{9} - 1\dfrac{2}{18} =$

⑫ $3\dfrac{2}{4} - 2\dfrac{5}{19} =$

⑬ $4\dfrac{1}{3} - 2\dfrac{4}{17} =$

⑭ $4\dfrac{1}{18} - 2\dfrac{5}{27} =$

⑮ $3\dfrac{2}{6} - 1\dfrac{7}{15} =$

⑯ $2\dfrac{2}{12} - 1\dfrac{9}{28} =$

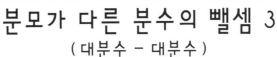

■ 다음 분수의 뺄셈을 하시오. 답은 약분해서 씁니다.

① $1\dfrac{1}{4} - 1\dfrac{1}{6} =$

② $3\dfrac{1}{3} - 1\dfrac{1}{9} =$

③ $2\dfrac{1}{5} - 1\dfrac{3}{11} =$

④ $4\dfrac{2}{9} - 2\dfrac{8}{12} =$

⑤ $3\dfrac{3}{18} - 2\dfrac{6}{30} =$

⑥ $2\dfrac{4}{14} - 1\dfrac{20}{35} =$

⑦ $3\dfrac{7}{11} - 1\dfrac{20}{33} =$

⑧ $4\dfrac{5}{12} - 2\dfrac{10}{15} =$

⑨ $1\dfrac{1}{8} - 1\dfrac{1}{9} =$

⑩ $4\dfrac{1}{2} - 1\dfrac{1}{10} =$

⑪ $3\dfrac{1}{7} - 2\dfrac{13}{63} =$

⑫ $2\dfrac{2}{8} - 1\dfrac{6}{28} =$

⑬ $3\dfrac{3}{12} - 1\dfrac{10}{20} =$

⑭ $4\dfrac{5}{15} - 2\dfrac{15}{20} =$

⑮ $3\dfrac{6}{12} - 1\dfrac{12}{32} =$

⑯ $3\dfrac{3}{5} - 2\dfrac{13}{35} =$

■ 학습 일정 관리표

	공부한 날	정답수	오답수	소요시간	표준완성시간
110-01호				분 초	
110-02호				분 초	
110-03호				분 초	
110-04호				분 초	1,2학년 : 정답중심
110-05호				분 초	
110-06호				분 초	3,4학년 : 정답중심
110-07호				분 초	
110-08호				분 초	5,6학년 : 7분이내
110-09호				분 초	
110-10호				분 초	

⊙ **대분수끼리의 뺄셈**

❶ $6\dfrac{2}{3} - 3\dfrac{3}{4}$

$= 6\dfrac{8}{12} - 3\dfrac{9}{12}$

❶ 3과 4의 최소공배수인 12로 분모를 통분해 줍니다.

❷ $5\dfrac{12+8}{12} - 3\dfrac{9}{12}$

$= 5\dfrac{20}{12} - 3\dfrac{9}{12}$

❷ $\dfrac{8}{12}$ 에서 $\dfrac{9}{12}$ 를 뺄 수 없으므로 자연수에서 1을

빌려와 가분수 형태로 고칩니다.

❸ $(\,5 - 3\,)\,(\,\dfrac{20}{12} - \dfrac{9}{12}\,)$

$= 2\dfrac{11}{12}$

❸ 자연수는 자연수끼리, 분수는 분수끼리 계산합니다.

답은 $2\dfrac{11}{12}$ 입니다.

지도내용 앞 단계를 충실히 공부해 왔다면 어렵지 않게 풀 수 있는 부분입니다. 계산 과정에서
실수를 하지는 않는지 주의하여 지도해 주세요.

분모가 다른 분수의 뺄셈 3
(대분수 – 대분수)

분   초
/16

■ 다음 분수의 뺄셈을 하시오. 답은 약분해서 씁니다.

① $5\dfrac{4}{6} - 2\dfrac{17}{18} =$

② $6\dfrac{5}{8} - 3\dfrac{21}{24} =$

③ $8\dfrac{11}{15} - 4\dfrac{25}{30} =$

④ $7\dfrac{9}{12} - 3\dfrac{20}{24} =$

⑤ $6\dfrac{10}{12} - 4\dfrac{30}{32} =$

⑥ $8\dfrac{9}{10} - 5\dfrac{8}{15} =$

⑦ $4\dfrac{10}{11} - 2\dfrac{34}{44} =$

⑧ $9\dfrac{15}{18} - 4\dfrac{21}{24} =$

⑨ $7\dfrac{3}{5} - 5\dfrac{10}{13} =$

⑩ $5\dfrac{4}{6} - 2\dfrac{21}{24} =$

⑪ $6\dfrac{11}{12} - 3\dfrac{15}{16} =$

⑫ $8\dfrac{12}{16} - 4\dfrac{22}{24} =$

⑬ $5\dfrac{11}{12} - 2\dfrac{15}{18} =$

⑭ $4\dfrac{8}{10} - 1\dfrac{35}{40} =$

⑮ $6\dfrac{10}{12} - 2\dfrac{57}{60} =$

⑯ $3\dfrac{13}{14} - 1\dfrac{45}{49} =$

분모가 다른 분수의 뺄셈 3
(대분수 - 대분수)

분   초

/16

■ 다음 분수의 뺄셈을 하시오. 답은 약분해서 씁니다.

① $5\dfrac{3}{4} - 2\dfrac{12}{14} =$

② $7\dfrac{5}{6} - 4\dfrac{14}{16} =$

③ $5\dfrac{11}{13} - 3\dfrac{37}{39} =$

④ $6\dfrac{13}{18} - 3\dfrac{26}{27} =$

⑤ $8\dfrac{8}{11} - 4\dfrac{53}{55} =$

⑥ $7\dfrac{12}{13} - 4\dfrac{50}{52} =$

⑦ $9\dfrac{10}{15} - 5\dfrac{23}{25} =$

⑧ $8\dfrac{8}{12} - 4\dfrac{17}{18} =$

⑨ $8\dfrac{4}{5} - 4\dfrac{12}{13} =$

⑩ $7\dfrac{7}{8} - 3\dfrac{8}{10} =$

⑪ $9\dfrac{13}{16} - 6\dfrac{23}{24} =$

⑫ $6\dfrac{10}{12} - 5\dfrac{58}{60} =$

⑬ $7\dfrac{16}{18} - 3\dfrac{43}{45} =$

⑭ $8\dfrac{11}{14} - 4\dfrac{48}{49} =$

⑮ $9\dfrac{10}{13} - 5\dfrac{85}{91} =$

⑯ $8\dfrac{9}{16} - 4\dfrac{40}{48} =$

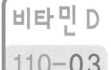

분모가 다른 분수의 뺄셈 3
(대분수 – 대분수)

분   초

/16

■ 다음 분수의 뺄셈을 하시오. 답은 약분해서 씁니다.

① $5\dfrac{4}{6} - 2\dfrac{15}{16} =$

② $6\dfrac{11}{12} - 3\dfrac{16}{18} =$

③ $7\dfrac{12}{15} - 5\dfrac{21}{25} =$

④ $4\dfrac{11}{13} - 2\dfrac{70}{78} =$

⑤ $3\dfrac{23}{25} - 1\dfrac{71}{75} =$

⑥ $5\dfrac{16}{18} - 3\dfrac{21}{24} =$

⑦ $6\dfrac{25}{26} - 3\dfrac{35}{39} =$

⑧ $8\dfrac{8}{10} - 4\dfrac{38}{40} =$

⑨ $6\dfrac{3}{4} - 2\dfrac{9}{10} =$

⑩ $5\dfrac{12}{13} - 3\dfrac{50}{52} =$

⑪ $4\dfrac{12}{15} - 2\dfrac{13}{18} =$

⑫ $7\dfrac{10}{14} - 3\dfrac{32}{35} =$

⑬ $5\dfrac{15}{18} - 2\dfrac{22}{24} =$

⑭ $5\dfrac{10}{11} - 3\dfrac{53}{55} =$

⑮ $4\dfrac{12}{13} - 2\dfrac{64}{65} =$

⑯ $8\dfrac{8}{10} - 5\dfrac{58}{60} =$

분모가 다른 분수의 뺄셈 3
(대분수 - 대분수)

분   초

/16

■ 다음 분수의 뺄셈을 하시오. 답은 약분해서 씁니다.

① $6\frac{3}{8} - 3\frac{30}{32} =$

② $5\frac{4}{5} - 2\frac{8}{12} =$

③ $7\frac{10}{12} - 5\frac{13}{18} =$

④ $4\frac{9}{13} - 2\frac{62}{65} =$

⑤ $5\frac{7}{12} - 2\frac{58}{60} =$

⑥ $3\frac{8}{13} - 1\frac{14}{39} =$

⑦ $4\frac{8}{10} - 2\frac{47}{50} =$

⑧ $5\frac{12}{16} - 3\frac{23}{24} =$

⑨ $6\frac{7}{9} - 4\frac{25}{27} =$

⑩ $7\frac{5}{7} - 3\frac{46}{49} =$

⑪ $5\frac{14}{18} - 1\frac{22}{24} =$

⑫ $8\frac{11}{13} - 4\frac{74}{78} =$

⑬ $6\frac{8}{24} - 2\frac{30}{32} =$

⑭ $7\frac{13}{18} - 5\frac{34}{36} =$

⑮ $6\frac{13}{15} - 3\frac{23}{25} =$

⑯ $5\frac{14}{18} - 2\frac{25}{27} =$

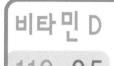

■ 다음 분수의 뺄셈을 하시오. 답은 약분해서 씁니다.

① $5\dfrac{7}{8} - 3\dfrac{34}{36} =$

② $6\dfrac{8}{12} - 4\dfrac{28}{30} =$

③ $7\dfrac{12}{18} - 3\dfrac{70}{72} =$

④ $6\dfrac{10}{20} - 2\dfrac{53}{60} =$

⑤ $8\dfrac{8}{11} - 4\dfrac{30}{33} =$

⑥ $7\dfrac{12}{13} - 3\dfrac{62}{65} =$

⑦ $6\dfrac{8}{10} - 2\dfrac{14}{15} =$

⑧ $5\dfrac{15}{18} - 3\dfrac{42}{45} =$

⑨ $7\dfrac{2}{4} - 4\dfrac{12}{13} =$

⑩ $6\dfrac{13}{15} - 3\dfrac{15}{18} =$

⑪ $8\dfrac{11}{13} - 4\dfrac{64}{65} =$

⑫ $5\dfrac{14}{16} - 3\dfrac{79}{80} =$

⑬ $4\dfrac{15}{16} - 2\dfrac{23}{24} =$

⑭ $7\dfrac{11}{13} - 3\dfrac{37}{39} =$

⑮ $6\dfrac{8}{10} - 4\dfrac{41}{45} =$

⑯ $8\dfrac{12}{14} - 4\dfrac{47}{49} =$

분모가 다른 분수의 뺄셈 3
(대분수 – 대분수)

■ 다음 분수의 뺄셈을 하시오. 답은 약분해서 씁니다.

① $6\dfrac{7}{8} - 3\dfrac{34}{36} =$

② $7\dfrac{3}{4} - 4\dfrac{12}{13} =$

③ $4\dfrac{8}{13} - 2\dfrac{37}{39} =$

④ $8\dfrac{9}{12} - 4\dfrac{58}{60} =$

⑤ $5\dfrac{12}{18} - 3\dfrac{26}{30} =$

⑥ $6\dfrac{9}{12} - 2\dfrac{34}{36} =$

⑦ $7\dfrac{8}{10} - 4\dfrac{44}{45} =$

⑧ $8\dfrac{14}{16} - 4\dfrac{23}{24} =$

⑨ $5\dfrac{3}{5} - 3\dfrac{32}{35} =$

⑩ $4\dfrac{12}{18} - 2\dfrac{19}{30} =$

⑪ $6\dfrac{10}{16} - 4\dfrac{62}{80} =$

⑫ $7\dfrac{12}{18} - 3\dfrac{71}{72} =$

⑬ $8\dfrac{8}{11} - 4\dfrac{48}{55} =$

⑭ $9\dfrac{9}{13} - 5\dfrac{65}{78} =$

⑮ $7\dfrac{11}{13} - 5\dfrac{62}{65} =$

⑯ $6\dfrac{12}{14} - 4\dfrac{20}{21} =$

분모가 다른 분수의 뺄셈 3
(대분수 - 대분수)

분　　초
/16

■ 다음 분수의 뺄셈을 하시오. 답은 약분해서 씁니다.

① $5\dfrac{1}{4} - 3\dfrac{1}{16} =$

② $6\dfrac{1}{18} - 3\dfrac{1}{36} =$

③ $7\dfrac{15}{16} - 4\dfrac{79}{80} =$

④ $5\dfrac{20}{24} - 3\dfrac{30}{32} =$

⑤ $6\dfrac{6}{7} - 4\dfrac{48}{49} =$

⑥ $5\dfrac{1}{20} - 3\dfrac{1}{80} =$

⑦ $5\dfrac{11}{12} - 2\dfrac{17}{18} =$

⑧ $8\dfrac{12}{13} - 4\dfrac{51}{52} =$

⑨ $7\dfrac{1}{5} - 5\dfrac{1}{20} =$

⑩ $5\dfrac{1}{10} - 3\dfrac{1}{30} =$

⑪ $4\dfrac{17}{18} - 2\dfrac{71}{72} =$

⑫ $6\dfrac{17}{18} - 3\dfrac{26}{27} =$

⑬ $8\dfrac{12}{13} - 4\dfrac{38}{39} =$

⑭ $5\dfrac{1}{15} - 3\dfrac{1}{45} =$

⑮ $7\dfrac{14}{15} - 5\dfrac{16}{18} =$

⑯ $8\dfrac{9}{10} - 3\dfrac{48}{50} =$

분모가 다른 분수의 뺄셈 3
(대분수 - 대분수)

분   초
/16

■ 다음 분수의 뺄셈을 하시오. 답은 약분해서 씁니다.

① $5\dfrac{5}{6} - 2\dfrac{16}{18} =$

② $6\dfrac{12}{14} - 3\dfrac{25}{28} =$

③ $7\dfrac{11}{13} - 4\dfrac{75}{78} =$

④ $6\dfrac{10}{12} - 3\dfrac{40}{42} =$

⑤ $5\dfrac{7}{14} - 4\dfrac{26}{28} =$

⑥ $4\dfrac{8}{16} - 2\dfrac{19}{20} =$

⑦ $6\dfrac{9}{12} - 3\dfrac{18}{20} =$

⑧ $5\dfrac{6}{16} - 4\dfrac{45}{48} =$

⑨ $6\dfrac{3}{5} - 3\dfrac{13}{15} =$

⑩ $7\dfrac{6}{11} - 2\dfrac{30}{33} =$

⑪ $6\dfrac{15}{30} - 4\dfrac{41}{45} =$

⑫ $8\dfrac{9}{18} - 3\dfrac{21}{24} =$

⑬ $7\dfrac{8}{18} - 3\dfrac{42}{45} =$

⑭ $6\dfrac{7}{16} - 3\dfrac{78}{80} =$

⑮ $5\dfrac{11}{13} - 2\dfrac{62}{65} =$

⑯ $6\dfrac{25}{30} - 4\dfrac{85}{90} =$

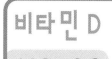

분모가 다른 분수의 뺄셈 3
(대분수 - 대분수)

분 　 초
/16

■ 다음 분수의 뺄셈을 하시오. 답은 약분해서 씁니다.

① $7\dfrac{7}{9} - 5\dfrac{34}{36} =$

② $6\dfrac{12}{18} - 2\dfrac{31}{36} =$

③ $5\dfrac{13}{16} - 3\dfrac{37}{40} =$

④ $6\dfrac{15}{18} - 4\dfrac{43}{45} =$

⑤ $5\dfrac{13}{26} - 2\dfrac{35}{39} =$

⑥ $7\dfrac{7}{14} - 3\dfrac{67}{70} =$

⑦ $4\dfrac{8}{13} - 2\dfrac{64}{65} =$

⑧ $5\dfrac{9}{18} - 2\dfrac{43}{45} =$

⑨ $5\dfrac{4}{8} - 2\dfrac{18}{20} =$

⑩ $6\dfrac{11}{22} - 3\dfrac{31}{33} =$

⑪ $7\dfrac{9}{13} - 5\dfrac{25}{26} =$

⑫ $5\dfrac{15}{21} - 3\dfrac{27}{28} =$

⑬ $6\dfrac{9}{13} - 4\dfrac{77}{78} =$

⑭ $8\dfrac{10}{14} - 4\dfrac{31}{35} =$

⑮ $7\dfrac{8}{13} - 3\dfrac{90}{91} =$

⑯ $6\dfrac{9}{11} - 2\dfrac{74}{77} =$

분모가 다른 분수의 뺄셈 3
(대분수 – 대분수)

■ 다음 분수의 뺄셈을 하시오. 답은 약분해서 씁니다.

① $7\dfrac{7}{10} - 4\dfrac{12}{15} =$

② $6\dfrac{15}{18} - 3\dfrac{40}{45} =$

③ $8\dfrac{21}{25} - 4\dfrac{72}{75} =$

④ $6\dfrac{9}{18} - 3\dfrac{24}{27} =$

⑤ $5\dfrac{12}{16} - 2\dfrac{77}{80} =$

⑥ $4\dfrac{21}{26} - 2\dfrac{35}{39} =$

⑦ $6\dfrac{9}{11} - 4\dfrac{63}{66} =$

⑧ $7\dfrac{8}{12} - 3\dfrac{58}{60} =$

⑨ $8\dfrac{8}{12} - 4\dfrac{27}{30} =$

⑩ $7\dfrac{11}{13} - 3\dfrac{63}{65} =$

⑪ $6\dfrac{12}{21} - 4\dfrac{26}{28} =$

⑫ $5\dfrac{9}{12} - 2\dfrac{30}{32} =$

⑬ $6\dfrac{10}{13} - 3\dfrac{63}{65} =$

⑭ $7\dfrac{11}{14} - 4\dfrac{68}{70} =$

⑮ $8\dfrac{9}{10} - 4\dfrac{69}{70} =$

⑯ $5\dfrac{12}{18} - 3\dfrac{27}{30} =$

이 교재를 다 마친 후 실시해 주십시오.

성취도 테스트

성취도 테스트 실시 목적

지금까지 학습한 D-3과정을 정확하고 빠르게 습득했는지
성취도를 테스트하기 위하여 실시합니다.
이 교재의 어느 부분이 부족한지 오답의 성질을 분석, 약점을
보완하고 지도 자료로 활용합니다.
다음 교재 학습을 위하여 즐겁고 자신있게 풀 수 있도록 동기를
부여하고 자극을 주는 데 목적이 있습니다.

실시방법

먼저 실시 년, 월, 일을 쓰고 시간을 정확히 재면서 문제를
풀도록 합니다.
가능하면 소요시간 내에 풀게 하고, 시간 이내에 풀지 못하면
푼 데까지 표시 후 다 풀도록 해 주세요.
채점은 교사나 어머니께서 직접 해 주시고 정답 수를 기록합니다.

실시 년 월 일		년	월	일	소요 시간		/ 20분

■ 다음 계산을 하시오.

① $\dfrac{1}{3} + \dfrac{1}{2} =$

② $\dfrac{3}{8} + \dfrac{1}{10} =$

③ $\dfrac{5}{13} + \dfrac{1}{65} =$

④ $\dfrac{1}{10} + \dfrac{1}{15} =$

⑤ $\dfrac{1}{8} + \dfrac{1}{28} =$

⑥ $\dfrac{2}{9} + \dfrac{1}{18} =$

⑦ $2\dfrac{1}{6} + \dfrac{2}{9} =$

⑧ $1\dfrac{1}{2} + \dfrac{1}{7} =$

⑨ $3\dfrac{1}{8} + \dfrac{2}{9} =$

⑩ $5\dfrac{1}{2} + \dfrac{4}{13} =$

⑪ $1\dfrac{2}{6} + \dfrac{2}{8} =$

⑫ $3\dfrac{2}{3} + \dfrac{5}{7} =$

⑬ $4\dfrac{7}{9} + \dfrac{34}{36} =$

⑭ $6\dfrac{11}{13} + \dfrac{72}{78} =$

⑮ $6\dfrac{8}{10} + \dfrac{10}{12} =$

⑯ $\dfrac{8}{12} + 5\dfrac{20}{32} =$

⑰ $7\dfrac{15}{18} + \dfrac{15}{30} =$

⑱ $3\dfrac{12}{16} + \dfrac{22}{24} =$

⑲ $1\dfrac{1}{4} + 1\dfrac{1}{7} =$

⑳ $3\dfrac{3}{6} + 2\dfrac{10}{18} =$

㉑ $4\dfrac{1}{8} + 2\dfrac{5}{18} =$

■ 다음 계산을 하시오.

㉒ $2\dfrac{1}{14} + 3\dfrac{6}{49} =$

㉓ $2\dfrac{6}{13} + 3\dfrac{12}{26} =$

㉔ $2\dfrac{1}{4} + 1\dfrac{4}{9} =$

㉕ $2\dfrac{1}{5} + 3\dfrac{10}{13} =$

㉖ $1\dfrac{1}{4} + 2\dfrac{10}{14} =$

㉗ $5\dfrac{11}{13} + 4\dfrac{51}{52} =$

㉘ $2\dfrac{2}{5} + 4\dfrac{13}{17} =$

㉙ $4\dfrac{5}{8} + 3\dfrac{7}{10} =$

㉚ $5\dfrac{15}{16} + 3\dfrac{21}{24} =$

㉛ $\dfrac{1}{2} - \dfrac{1}{9} =$

㉜ $\dfrac{1}{3} - \dfrac{1}{7} =$

㉝ $\dfrac{2}{3} - \dfrac{1}{6} =$

㉞ $\dfrac{12}{16} - \dfrac{1}{40} =$

㉟ $\dfrac{1}{5} - \dfrac{1}{8} =$

㊱ $\dfrac{1}{5} - \dfrac{1}{17} =$

㊲ $1\dfrac{1}{3} - \dfrac{6}{7} =$

㊳ $2\dfrac{1}{5} - \dfrac{7}{8} =$

㊴ $3\dfrac{3}{9} - \dfrac{10}{18} =$

㊵ $1\dfrac{4}{8} - \dfrac{17}{18} =$

㊶ $3\dfrac{6}{12} - \dfrac{15}{20} =$

㊷ $2\dfrac{1}{6} - \dfrac{9}{10} =$

■ 다음 계산을 하시오.

㊸ $3\frac{1}{4}-\frac{13}{14}=$

㊹ $5\frac{6}{16}-\frac{16}{24}=$

㊺ $7\frac{8}{18}-\frac{18}{27}=$

㊻ $2\frac{2}{12}-\frac{18}{20}=$

㊼ $5\frac{1}{10}-\frac{11}{12}=$

㊽ $3\frac{1}{9}-\frac{21}{27}=$

㊾ $2\frac{1}{3}-1\frac{1}{6}=$

㊿ $3\frac{1}{7}-1\frac{42}{49}=$

(51) $4\frac{4}{6}-2\frac{15}{18}=$

(52) $7\frac{5}{15}-3\frac{15}{25}=$

(53) $4\frac{2}{12}-1\frac{10}{20}=$

(54) $1\frac{1}{5}-1\frac{1}{6}=$

(55) $6\frac{3}{8}-3\frac{30}{32}=$

(56) $6\frac{7}{9}-4\frac{25}{27}=$

(57) $6\frac{13}{15}-3\frac{23}{25}=$

(58) $5\frac{12}{16}-3\frac{23}{24}=$

(59) $7\frac{3}{4}-4\frac{12}{13}=$

(60) $8\frac{9}{12}-4\frac{58}{60}=$

성취도 테스트 결과표

D-3

60문항 / 소요시간20분

소요시간 :　　　　　　　　정답 수 :　　　　　/ 60문항

구분	성취도 테스트 결과			
정답 수	60~55	54~45	44~35	34~
성취도	A	B	C	D

A. (아주 잘함) : 충분히 이해했으니 다음 단계로 가세요.

B. (잘함) : 학습 내용은 충분히 잘 이해했으나 틀린 부분을 다시 한 번 꼼꼼히 체크하세요.

C. (보통임) : 학습 내용 중 부족한 부분이 있으니 다시 한 번 복습하세요.

D. (부족함) : 다음 단계로 가기에는 부족합니다. 다시 한 번 학습하세요.

성취도 테스트 정답

① $\frac{5}{6}$ ② $\frac{19}{40}$ ③ $\frac{26}{65}$ ④ $\frac{1}{6}$ ⑤ $\frac{9}{56}$ ⑥ $\frac{5}{18}$

⑦ $2\frac{7}{18}$ ⑧ $1\frac{9}{14}$ ⑨ $3\frac{25}{72}$ ⑩ $5\frac{21}{26}$ ⑪ $1\frac{7}{12}$ ⑫ $4\frac{8}{21}$

⑬ $5\frac{13}{18}$ ⑭ $7\frac{10}{13}$ ⑮ $7\frac{19}{30}$ ⑯ $6\frac{7}{24}$ ⑰ $8\frac{1}{3}$ ⑱ $4\frac{2}{3}$

⑲ $2\frac{11}{28}$ ⑳ $6\frac{1}{18}$ ㉑ $6\frac{29}{72}$ ㉒ $5\frac{19}{98}$ ㉓ $5\frac{12}{13}$ ㉔ $3\frac{25}{36}$

㉕ $5\frac{63}{65}$ ㉖ $3\frac{27}{28}$ ㉗ $10\frac{43}{52}$ ㉘ $7\frac{14}{85}$ ㉙ $8\frac{13}{40}$ ㉚ $9\frac{39}{48}$

㉛ $\frac{7}{18}$ ㉜ $\frac{4}{21}$ ㉝ $\frac{1}{2}$ ㉞ $\frac{29}{40}$ ㉟ $\frac{3}{40}$ ㊱ $\frac{12}{85}$

㊲ $\frac{10}{21}$ ㊳ $1\frac{13}{40}$ ㊴ $2\frac{7}{9}$ ㊵ $\frac{5}{9}$ ㊶ $2\frac{3}{4}$ ㊷ $1\frac{4}{15}$

㊸ $2\frac{9}{28}$ ㊹ $4\frac{17}{24}$ ㊺ $6\frac{7}{9}$ ㊻ $1\frac{4}{15}$ ㊼ $4\frac{11}{60}$ ㊽ $2\frac{1}{3}$

㊾ $1\frac{1}{6}$ ㊿ $1\frac{2}{7}$ (51) $1\frac{5}{6}$ (52) $3\frac{11}{15}$ (53) $2\frac{2}{3}$ (54) $\frac{1}{30}$

(55) $2\frac{7}{16}$ (56) $1\frac{23}{27}$ (57) $2\frac{71}{75}$ (58) $1\frac{19}{24}$ (59) $2\frac{43}{52}$ (60) $3\frac{47}{60}$

D-3 분수 · 소수의 덧셈과 뺄셈 (완성)

정답

101~01
① $\frac{5}{6}$ ② $\frac{12}{35}$ ③ $\frac{11}{24}$ ④ $\frac{19}{48}$ ⑤ $\frac{7}{15}$ ⑥ $\frac{26}{65}$ ⑦ $\frac{1}{6}$
⑧ $\frac{9}{28}$ ⑨ $\frac{7}{16}$ ⑩ $\frac{9}{14}$ ⑪ $\frac{29}{35}$ ⑫ $\frac{2}{3}$ ⑬ $\frac{3}{8}$ ⑭ $\frac{2}{15}$
⑮ $\frac{15}{44}$ ⑯ $\frac{19}{40}$ ⑰ $\frac{1}{9}$ ⑱ $\frac{2}{15}$

101~06
① $\frac{8}{15}$ ② $\frac{13}{18}$ ③ $\frac{4}{9}$ ④ $\frac{5}{24}$ ⑤ $\frac{27}{40}$ ⑥ $\frac{3}{28}$ ⑦ $\frac{7}{80}$
⑧ $\frac{9}{91}$ ⑨ $\frac{3}{26}$ ⑩ $\frac{13}{30}$ ⑪ $\frac{13}{28}$ ⑫ $\frac{21}{80}$ ⑬ $\frac{17}{63}$ ⑭ $\frac{16}{39}$
⑮ $\frac{9}{98}$ ⑯ $\frac{4}{45}$ ⑰ $\frac{7}{72}$ ⑱ $\frac{13}{42}$

101~02
① $\frac{9}{20}$ ② $\frac{13}{21}$ ③ $\frac{13}{36}$ ④ $\frac{17}{35}$ ⑤ $\frac{27}{85}$ ⑥ $\frac{5}{36}$ ⑦ $\frac{2}{5}$
⑧ $\frac{5}{52}$ ⑨ $\frac{5}{48}$ ⑩ $\frac{11}{18}$ ⑪ $\frac{11}{30}$ ⑫ $\frac{5}{18}$ ⑬ $\frac{19}{26}$ ⑭ $\frac{1}{6}$
⑮ $\frac{9}{56}$ ⑯ $\frac{5}{32}$ ⑰ $\frac{7}{66}$ ⑱ $\frac{5}{54}$

101~07
① $\frac{7}{12}$ ② $\frac{17}{60}$ ③ $\frac{5}{12}$ ④ $\frac{59}{85}$ ⑤ $\frac{31}{60}$ ⑥ $\frac{29}{91}$ ⑦ $\frac{5}{12}$
⑧ $\frac{17}{40}$ ⑨ $\frac{2}{21}$ ⑩ $\frac{7}{8}$ ⑪ $\frac{11}{20}$ ⑫ $\frac{19}{48}$ ⑬ $\frac{17}{42}$ ⑭ $\frac{5}{36}$
⑮ $\frac{13}{45}$ ⑯ $\frac{17}{30}$ ⑰ $\frac{9}{70}$ ⑱ $\frac{7}{90}$

101~03
① $\frac{7}{10}$ ② $\frac{11}{30}$ ③ $\frac{5}{12}$ ④ $\frac{32}{85}$ ⑤ $\frac{3}{22}$ ⑥ $\frac{13}{60}$ ⑦ $\frac{17}{96}$
⑧ $\frac{5}{36}$ ⑨ $\frac{32}{51}$ ⑩ $\frac{5}{9}$ ⑪ $\frac{7}{20}$ ⑫ $\frac{13}{18}$ ⑬ $\frac{13}{72}$ ⑭ $\frac{2}{15}$
⑮ $\frac{11}{20}$ ⑯ $\frac{11}{90}$ ⑰ $\frac{9}{48}$ ⑱ $\frac{13}{96}$

101~08
① $\frac{4}{15}$ ② $\frac{38}{45}$ ③ $\frac{13}{21}$ ④ $\frac{33}{65}$ ⑤ $\frac{2}{15}$ ⑥ $\frac{42}{85}$ ⑦ $\frac{41}{80}$
⑧ $\frac{11}{27}$ ⑨ $\frac{19}{39}$ ⑩ $\frac{16}{25}$ ⑪ $\frac{7}{16}$ ⑫ $\frac{23}{56}$ ⑬ $\frac{31}{44}$ ⑭ $\frac{4}{9}$
⑮ $\frac{17}{48}$ ⑯ $\frac{46}{63}$ ⑰ $\frac{17}{22}$ ⑱ $\frac{11}{78}$

101~04
① $\frac{9}{10}$ ② $\frac{7}{20}$ ③ $\frac{35}{72}$ ④ $\frac{7}{30}$ ⑤ $\frac{7}{60}$ ⑥ $\frac{1}{12}$ ⑦ $\frac{17}{96}$
⑧ $\frac{11}{60}$ ⑨ $\frac{23}{50}$ ⑩ $\frac{1}{2}$ ⑪ $\frac{13}{24}$ ⑫ $\frac{5}{12}$ ⑬ $\frac{17}{90}$ ⑭ $\frac{11}{36}$
⑮ $\frac{7}{16}$ ⑯ $\frac{1}{6}$ ⑰ $\frac{23}{51}$ ⑱ $\frac{15}{98}$

101~09
① $\frac{13}{21}$ ② $\frac{19}{48}$ ③ $\frac{11}{42}$ ④ $\frac{23}{70}$ ⑤ $\frac{23}{45}$ ⑥ $\frac{31}{80}$ ⑦ $\frac{5}{66}$
⑧ $\frac{17}{84}$ ⑨ $\frac{37}{75}$ ⑩ $\frac{31}{40}$ ⑪ $\frac{23}{60}$ ⑫ $\frac{19}{48}$ ⑬ $\frac{7}{36}$ ⑭ $\frac{25}{78}$
⑮ $\frac{47}{78}$ ⑯ $\frac{27}{76}$ ⑰ $\frac{13}{32}$ ⑱ $\frac{31}{65}$

101~05
① $\frac{7}{12}$ ② $\frac{21}{40}$ ③ $\frac{1}{3}$ ④ $\frac{13}{30}$ ⑤ $\frac{5}{36}$ ⑥ $\frac{9}{84}$ ⑦ $\frac{11}{48}$
⑧ $\frac{32}{51}$ ⑨ $\frac{2}{15}$ ⑩ $\frac{13}{21}$ ⑪ $\frac{9}{10}$ ⑫ $\frac{4}{9}$ ⑬ $\frac{8}{27}$ ⑭ $\frac{11}{35}$
⑮ $\frac{31}{72}$ ⑯ $\frac{11}{32}$ ⑰ $\frac{5}{54}$ ⑱ $\frac{6}{65}$

101~10
① $\frac{29}{45}$ ② $\frac{27}{40}$ ③ $\frac{41}{68}$ ④ $\frac{31}{44}$ ⑤ $\frac{23}{45}$ ⑥ $\frac{31}{65}$ ⑦ $\frac{43}{84}$
⑧ $\frac{5}{12}$ ⑨ $\frac{23}{48}$ ⑩ $\frac{7}{15}$ ⑪ $\frac{25}{26}$ ⑫ $\frac{23}{56}$ ⑬ $\frac{23}{36}$ ⑭ $\frac{5}{21}$
⑮ $\frac{29}{80}$ ⑯ $\frac{11}{54}$ ⑰ $\frac{47}{90}$ ⑱ $\frac{13}{30}$

102~01

① $1\frac{7}{12}$ ② $1\frac{11}{15}$ ③ $1\frac{7}{10}$ ④ $2\frac{5}{12}$ ⑤ $1\frac{7}{16}$ ⑥ $3\frac{11}{56}$

⑦ $4\frac{5}{26}$ ⑧ $3\frac{11}{16}$ ⑨ $1\frac{5}{6}$ ⑩ $1\frac{4}{9}$ ⑪ $1\frac{26}{35}$ ⑫ $2\frac{23}{30}$

⑬ $2\frac{7}{12}$ ⑭ $4\frac{2}{15}$ ⑮ $5\frac{4}{75}$ ⑯ 8

102~02

① $1\frac{9}{14}$ ② $2\frac{7}{18}$ ③ $3\frac{13}{36}$ ④ $2\frac{7}{60}$ ⑤ $3\frac{3}{5}$ ⑥ $4\frac{1}{3}$

⑦ $2\frac{23}{42}$ ⑧ $4\frac{27}{85}$ ⑨ $1\frac{7}{12}$ ⑩ $2\frac{9}{20}$ ⑪ $3\frac{25}{72}$ ⑫ $3\frac{4}{15}$

⑬ $3\frac{13}{63}$ ⑭ $5\frac{21}{26}$ ⑮ $4\frac{1}{16}$ ⑯ $7\frac{32}{51}$

102~03

① $1\frac{5}{6}$ ② $2\frac{17}{35}$ ③ $3\frac{13}{18}$ ④ $3\frac{9}{14}$ ⑤ $5\frac{7}{16}$ ⑥ $3\frac{21}{38}$

⑦ $4\frac{3}{10}$ ⑧ $3\frac{1}{28}$ ⑨ $1\frac{13}{36}$ ⑩ $2\frac{11}{24}$ ⑪ $4\frac{19}{30}$ ⑫ $4\frac{22}{85}$

⑬ $2\frac{16}{63}$ ⑭ $5\frac{2}{7}$ ⑮ $3\frac{11}{48}$ ⑯ $5\frac{1}{4}$

102~04

① $1\frac{13}{40}$ ② $3\frac{7}{12}$ ③ $2\frac{13}{21}$ ④ $3\frac{4}{15}$ ⑤ $5\frac{1}{18}$ ⑥ $5\frac{32}{85}$

⑦ $4\frac{4}{15}$ ⑧ $3\frac{19}{48}$ ⑨ $1\frac{7}{12}$ ⑩ $2\frac{14}{45}$ ⑪ $3\frac{7}{10}$ ⑫ $1\frac{13}{36}$

⑬ $4\frac{13}{30}$ ⑭ $2\frac{19}{44}$ ⑮ $3\frac{10}{11}$ ⑯ $5\frac{1}{3}$

102~05

① $1\frac{7}{12}$ ② $1\frac{5}{6}$ ③ $2\frac{19}{26}$ ④ $3\frac{27}{76}$ ⑤ $4\frac{39}{44}$ ⑥ $5\frac{3}{16}$

⑦ $7\frac{13}{36}$ ⑧ $3\frac{14}{15}$ ⑨ $1\frac{12}{35}$ ⑩ $2\frac{3}{8}$ ⑪ $2\frac{2}{15}$ ⑫ $3\frac{13}{36}$

⑬ $5\frac{25}{56}$ ⑭ $4\frac{17}{30}$ ⑮ $3\frac{4}{15}$ ⑯ $5\frac{3}{8}$

102~06

① $1\frac{11}{30}$ ② $3\frac{17}{36}$ ③ $2\frac{13}{24}$ ④ $4\frac{29}{60}$ ⑤ $4\frac{1}{27}$ ⑥ $3\frac{4}{15}$

⑦ $5\frac{29}{51}$ ⑧ $4\frac{2}{5}$ ⑨ $1\frac{3}{8}$ ⑩ $4\frac{17}{24}$ ⑪ $2\frac{4}{9}$ ⑫ $1\frac{19}{40}$

⑬ $4\frac{7}{64}$ ⑭ 4 ⑮ $2\frac{3}{10}$ ⑯ $3\frac{32}{63}$

102~07

① $1\frac{5}{18}$ ② $1\frac{7}{10}$ ③ $3\frac{9}{20}$ ④ $5\frac{14}{45}$ ⑤ $3\frac{7}{30}$ ⑥ $3\frac{15}{56}$

⑦ $2\frac{31}{84}$ ⑧ $4\frac{7}{32}$ ⑨ $1\frac{5}{6}$ ⑩ $1\frac{5}{12}$ ⑪ $4\frac{11}{28}$ ⑫ $6\frac{1}{4}$

⑬ $2\frac{13}{24}$ ⑭ $1\frac{11}{12}$ ⑮ $3\frac{37}{54}$ ⑯ $3\frac{3}{7}$

102~08

① $1\frac{5}{12}$ ② $2\frac{11}{14}$ ③ $2\frac{19}{20}$ ④ $3\frac{3}{4}$ ⑤ $4\frac{5}{8}$ ⑥ $5\frac{15}{16}$

⑦ $6\frac{1}{4}$ ⑧ $4\frac{5}{6}$ ⑨ $1\frac{8}{15}$ ⑩ $4\frac{1}{9}$ ⑪ $4\frac{59}{85}$ ⑫ $6\frac{1}{5}$

⑬ $6\frac{47}{51}$ ⑭ $6\frac{13}{28}$ ⑮ $6\frac{1}{11}$ ⑯ $4\frac{3}{16}$

102~09

① $1\frac{4}{9}$ ② $2\frac{19}{28}$ ③ $4\frac{21}{22}$ ④ $3\frac{31}{48}$ ⑤ $3\frac{1}{6}$ ⑥ $4\frac{37}{55}$

⑦ $3\frac{11}{70}$ ⑧ $2\frac{3}{16}$ ⑨ $1\frac{8}{15}$ ⑩ $3\frac{23}{24}$ ⑪ $6\frac{4}{7}$ ⑫ $5\frac{1}{15}$

⑬ $6\frac{57}{85}$ ⑭ $5\frac{13}{36}$ ⑮ $2\frac{11}{30}$ ⑯ $5\frac{7}{12}$

102~10

① $1\frac{13}{40}$ ② $2\frac{9}{10}$ ③ $2\frac{11}{60}$ ④ $4\frac{25}{27}$ ⑤ $4\frac{6}{35}$ ⑥ $3\frac{32}{51}$

⑦ $2\frac{31}{36}$ ⑧ $4\frac{4}{11}$ ⑨ $1\frac{11}{28}$ ⑩ $4\frac{8}{21}$ ⑪ $3\frac{29}{36}$ ⑫ $5\frac{2}{21}$

⑬ 5 ⑭ $4\frac{1}{40}$ ⑮ $2\frac{1}{2}$ ⑯ $2\frac{23}{44}$

103~01
① $1\frac{9}{28}$ ② $2\frac{3}{4}$ ③ $2\frac{17}{90}$ ④ $2\frac{3}{14}$ ⑤ $6\frac{13}{30}$ ⑥ $5\frac{1}{2}$
⑦ $4\frac{53}{75}$ ⑧ $5\frac{17}{24}$ ⑨ $2\frac{17}{60}$ ⑩ $3\frac{18}{65}$ ⑪ 4 ⑫ $3\frac{23}{24}$
⑬ $6\frac{2}{3}$ ⑭ $5\frac{73}{84}$ ⑮ $4\frac{5}{8}$ ⑯ $6\frac{13}{16}$

103~06
① $7\frac{37}{72}$ ② $6\frac{1}{3}$ ③ $8\frac{7}{10}$ ④ $4\frac{23}{98}$ ⑤ $5\frac{7}{15}$ ⑥ $5\frac{3}{13}$
⑦ $6\frac{11}{18}$ ⑧ $10\frac{13}{24}$ ⑨ $8\frac{17}{27}$ ⑩ $7\frac{7}{15}$ ⑪ $4\frac{54}{77}$ ⑫ $8\frac{20}{21}$
⑬ $6\frac{1}{3}$ ⑭ $7\frac{7}{20}$ ⑮ $7\frac{17}{24}$ ⑯ $5\frac{7}{12}$

103~02
① $6\frac{5}{24}$ ② $4\frac{3}{65}$ ③ $4\frac{1}{12}$ ④ $4\frac{22}{49}$ ⑤ $6\frac{41}{48}$ ⑥ $8\frac{38}{55}$
⑦ $4\frac{16}{27}$ ⑧ $5\frac{25}{48}$ ⑨ $4\frac{5}{14}$ ⑩ $6\frac{41}{85}$ ⑪ $7\frac{59}{96}$ ⑫ $5\frac{5}{9}$
⑬ $5\frac{9}{13}$ ⑭ $3\frac{6}{13}$ ⑮ $4\frac{55}{78}$ ⑯ $8\frac{2}{5}$

103~07
① $5\frac{16}{63}$ ② $4\frac{1}{26}$ ③ $6\frac{25}{32}$ ④ $5\frac{52}{65}$ ⑤ $3\frac{7}{10}$ ⑥ $9\frac{4}{7}$
⑦ $8\frac{24}{49}$ ⑧ $6\frac{19}{30}$ ⑨ $3\frac{1}{2}$ ⑩ $3\frac{1}{6}$ ⑪ $8\frac{23}{30}$ ⑫ $7\frac{23}{36}$
⑬ $4\frac{59}{90}$ ⑭ $7\frac{7}{20}$ ⑮ $7\frac{55}{72}$ ⑯ $6\frac{7}{10}$

103~03
① $4\frac{5}{16}$ ② $4\frac{7}{15}$ ③ $5\frac{17}{21}$ ④ $4\frac{7}{18}$ ⑤ $6\frac{5}{14}$ ⑥ $4\frac{11}{20}$
⑦ $8\frac{17}{45}$ ⑧ $7\frac{4}{7}$ ⑨ $5\frac{19}{48}$ ⑩ $6\frac{82}{85}$ ⑪ $6\frac{1}{3}$ ⑫ $8\frac{43}{60}$
⑬ $7\frac{27}{32}$ ⑭ $4\frac{1}{10}$ ⑮ $5\frac{5}{12}$ ⑯ $5\frac{41}{49}$

103~08
① $6\frac{29}{48}$ ② $5\frac{7}{15}$ ③ $6\frac{16}{45}$ ④ $8\frac{5}{9}$ ⑤ $6\frac{11}{30}$ ⑥ $4\frac{4}{15}$
⑦ $6\frac{15}{22}$ ⑧ $7\frac{11}{26}$ ⑨ $5\frac{23}{36}$ ⑩ $3\frac{2}{5}$ ⑪ $6\frac{38}{55}$ ⑫ $5\frac{19}{30}$
⑬ $4\frac{3}{5}$ ⑭ $5\frac{25}{49}$ ⑮ $6\frac{11}{16}$ ⑯ $7\frac{19}{30}$

103~04
① $5\frac{8}{63}$ ② $6\frac{1}{2}$ ③ $7\frac{41}{65}$ ④ $4\frac{5}{8}$ ⑤ $5\frac{1}{15}$ ⑥ $4\frac{31}{66}$
⑦ $6\frac{37}{78}$ ⑧ $6\frac{5}{84}$ ⑨ $7\frac{1}{3}$ ⑩ $6\frac{2}{3}$ ⑪ $10\frac{1}{7}$ ⑫ $7\frac{6}{7}$
⑬ $4\frac{7}{20}$ ⑭ $4\frac{2}{3}$ ⑮ $4\frac{20}{49}$ ⑯ $6\frac{7}{30}$

103~09
① $6\frac{1}{4}$ ② $6\frac{43}{70}$ ③ $5\frac{11}{16}$ ④ $6\frac{52}{65}$ ⑤ $7\frac{23}{39}$ ⑥ $6\frac{83}{91}$
⑦ $7\frac{3}{5}$ ⑧ $5\frac{15}{16}$ ⑨ $7\frac{1}{14}$ ⑩ $4\frac{2}{3}$ ⑪ $6\frac{1}{3}$ ⑫ $7\frac{7}{18}$
⑬ $8\frac{1}{3}$ ⑭ $7\frac{11}{39}$ ⑮ $6\frac{1}{6}$ ⑯ $8\frac{1}{24}$

103~05
① $8\frac{1}{12}$ ② $6\frac{3}{5}$ ③ $7\frac{1}{2}$ ④ $10\frac{1}{32}$ ⑤ $4\frac{3}{4}$ ⑥ $7\frac{40}{49}$
⑦ $10\frac{23}{54}$ ⑧ $9\frac{5}{7}$ ⑨ $5\frac{17}{22}$ ⑩ $6\frac{1}{10}$ ⑪ $4\frac{11}{27}$ ⑫ $3\frac{3}{5}$
⑬ $6\frac{11}{30}$ ⑭ $8\frac{37}{50}$ ⑮ $4\frac{5}{8}$ ⑯ $6\frac{5}{6}$

103~10
① $5\frac{13}{18}$ ② $6\frac{2}{7}$ ③ $7\frac{7}{18}$ ④ $5\frac{3}{5}$ ⑤ $6\frac{14}{33}$ ⑥ $4\frac{11}{20}$
⑦ $5\frac{2}{9}$ ⑧ $7\frac{19}{26}$ ⑨ $6\frac{2}{3}$ ⑩ $7\frac{10}{13}$ ⑪ $8\frac{9}{13}$ ⑫ $7\frac{19}{30}$
⑬ $6\frac{29}{80}$ ⑭ $6\frac{7}{24}$ ⑮ $5\frac{5}{7}$ ⑯ $7\frac{31}{44}$

104~01
① $2\frac{7}{10}$ ② $3\frac{8}{15}$ ③ $5\frac{5}{6}$ ④ $3\frac{17}{24}$ ⑤ $7\frac{7}{12}$ ⑥ $6\frac{31}{44}$

⑦ $4\frac{1}{6}$ ⑧ $5\frac{9}{40}$ ⑨ $2\frac{12}{35}$ ⑩ $3\frac{29}{36}$ ⑪ $5\frac{11}{18}$ ⑫ $5\frac{9}{10}$

⑬ $4\frac{7}{8}$ ⑭ $6\frac{9}{26}$ ⑮ 4 ⑯ $6\frac{3}{16}$

104~06
① $2\frac{9}{20}$ ② $5\frac{7}{18}$ ③ $3\frac{11}{20}$ ④ $3\frac{19}{54}$ ⑤ $5\frac{7}{8}$ ⑥ $5\frac{7}{10}$

⑦ $5\frac{5}{6}$ ⑧ $7\frac{7}{15}$ ⑨ $2\frac{8}{15}$ ⑩ $4\frac{25}{36}$ ⑪ $5\frac{7}{18}$ ⑫ $6\frac{28}{39}$

⑬ $5\frac{22}{49}$ ⑭ 7 ⑮ $5\frac{1}{3}$ ⑯ $5\frac{5}{9}$

104~02
① $2\frac{5}{6}$ ② $2\frac{9}{20}$ ③ $4\frac{1}{2}$ ④ $3\frac{14}{45}$ ⑤ $4\frac{6}{7}$ ⑥ $5\frac{3}{4}$

⑦ 6 ⑧ $7\frac{1}{26}$ ⑨ $2\frac{10}{21}$ ⑩ $3\frac{5}{6}$ ⑪ $5\frac{5}{6}$ ⑫ $3\frac{31}{48}$

⑬ $5\frac{5}{6}$ ⑭ $6\frac{11}{80}$ ⑮ $6\frac{13}{15}$ ⑯ $5\frac{29}{30}$

104~07
① $2\frac{13}{40}$ ② $5\frac{4}{9}$ ③ $5\frac{3}{4}$ ④ $5\frac{7}{10}$ ⑤ $5\frac{5}{6}$ ⑥ $5\frac{5}{12}$

⑦ $4\frac{13}{22}$ ⑧ $6\frac{13}{42}$ ⑨ $2\frac{11}{30}$ ⑩ $4\frac{5}{12}$ ⑪ $3\frac{23}{40}$ ⑫ $4\frac{13}{18}$

⑬ $5\frac{31}{39}$ ⑭ $5\frac{37}{68}$ ⑮ $6\frac{6}{13}$ ⑯ $7\frac{3}{13}$

104~03
① $2\frac{9}{20}$ ② $3\frac{13}{14}$ ③ $3\frac{10}{21}$ ④ $4\frac{13}{15}$ ⑤ $7\frac{7}{26}$ ⑥ $7\frac{31}{48}$

⑦ $7\frac{23}{24}$ ⑧ $6\frac{1}{16}$ ⑨ $2\frac{5}{12}$ ⑩ $3\frac{5}{6}$ ⑪ $5\frac{34}{45}$ ⑫ $5\frac{31}{44}$

⑬ $5\frac{45}{68}$ ⑭ $6\frac{1}{6}$ ⑮ 7 ⑯ 4

104~08
① $2\frac{11}{28}$ ② $3\frac{25}{36}$ ③ $4\frac{23}{60}$ ④ $5\frac{32}{51}$ ⑤ $3\frac{31}{56}$ ⑥ $5\frac{7}{8}$

⑦ $4\frac{13}{16}$ ⑧ $5\frac{8}{9}$ ⑨ $2\frac{2}{3}$ ⑩ $4\frac{5}{6}$ ⑪ $3\frac{42}{85}$ ⑫ $4\frac{4}{9}$

⑬ $6\frac{29}{72}$ ⑭ $5\frac{19}{98}$ ⑮ $5\frac{12}{13}$ ⑯ $5\frac{32}{35}$

104~04
① $2\frac{7}{10}$ ② $4\frac{19}{70}$ ③ $5\frac{39}{70}$ ④ 5 ⑤ $6\frac{3}{14}$ ⑥ $5\frac{11}{35}$

⑦ 6 ⑧ $6\frac{5}{18}$ ⑨ $2\frac{12}{35}$ ⑩ $3\frac{5}{6}$ ⑪ $3\frac{42}{85}$ ⑫ $4\frac{17}{18}$

⑬ $7\frac{1}{3}$ ⑭ $6\frac{19}{20}$ ⑮ $7\frac{1}{3}$ ⑯ $5\frac{67}{76}$

104~09
① $2\frac{13}{40}$ ② $5\frac{7}{10}$ ③ $4\frac{13}{18}$ ④ $6\frac{29}{30}$ ⑤ $6\frac{1}{28}$ ⑥ 6

⑦ $4\frac{23}{32}$ ⑧ $5\frac{1}{2}$ ⑨ $2\frac{8}{15}$ ⑩ $4\frac{11}{18}$ ⑪ 4 ⑫ $6\frac{1}{18}$

⑬ $5\frac{5}{6}$ ⑭ $7\frac{11}{90}$ ⑮ $5\frac{8}{39}$ ⑯ $5\frac{7}{13}$

104~05
① $2\frac{5}{6}$ ② $4\frac{7}{10}$ ③ $4\frac{2}{3}$ ④ $4\frac{1}{6}$ ⑤ $5\frac{29}{36}$ ⑥ $2\frac{19}{60}$

⑦ $6\frac{59}{90}$ ⑧ $5\frac{9}{26}$ ⑨ $2\frac{10}{21}$ ⑩ $3\frac{13}{36}$ ⑪ $5\frac{1}{2}$ ⑫ $5\frac{3}{5}$

⑬ $6\frac{3}{14}$ ⑭ $4\frac{25}{26}$ ⑮ $6\frac{23}{50}$ ⑯ $5\frac{1}{2}$

104~10
① $2\frac{11}{24}$ ② $3\frac{25}{36}$ ③ $5\frac{11}{30}$ ④ $7\frac{8}{9}$ ⑤ $5\frac{21}{22}$ ⑥ $6\frac{3}{14}$

⑦ $5\frac{23}{90}$ ⑧ $5\frac{37}{66}$ ⑨ $2\frac{7}{12}$ ⑩ $6\frac{3}{4}$ ⑪ $5\frac{33}{52}$ ⑫ $6\frac{17}{40}$

⑬ $6\frac{1}{21}$ ⑭ $6\frac{1}{2}$ ⑮ $5\frac{3}{5}$ ⑯ $7\frac{11}{26}$

105~01

① $3\frac{9}{56}$ ② $7\frac{10}{21}$ ③ $6\frac{1}{16}$ ④ $7\frac{2}{3}$ ⑤ $8\frac{31}{90}$ ⑥ $8\frac{7}{12}$

⑦ $7\frac{13}{32}$ ⑧ $8\frac{41}{54}$ ⑨ $5\frac{17}{18}$ ⑩ $7\frac{14}{85}$ ⑪ $8\frac{13}{40}$ ⑫ $8\frac{17}{21}$

⑬ $8\frac{29}{36}$ ⑭ $9\frac{13}{16}$ ⑮ $9\frac{43}{60}$ ⑯ $6\frac{49}{55}$

105~02

① $5\frac{63}{65}$ ② $4\frac{7}{12}$ ③ $6\frac{3}{20}$ ④ $7\frac{37}{48}$ ⑤ $9\frac{8}{21}$ ⑥ $7\frac{16}{25}$

⑦ $6\frac{47}{52}$ ⑧ $13\frac{1}{2}$ ⑨ $3\frac{27}{28}$ ⑩ $6\frac{3}{8}$ ⑪ $7\frac{3}{10}$ ⑫ $10\frac{43}{52}$

⑬ $11\frac{7}{18}$ ⑭ $10\frac{3}{5}$ ⑮ $14\frac{11}{12}$ ⑯ $8\frac{31}{49}$

105~03

① $7\frac{17}{18}$ ② $5\frac{84}{85}$ ③ $7\frac{3}{10}$ ④ $6\frac{5}{8}$ ⑤ $7\frac{15}{22}$ ⑥ $5\frac{16}{27}$

⑦ $6\frac{1}{21}$ ⑧ $9\frac{38}{55}$ ⑨ $7\frac{11}{24}$ ⑩ $9\frac{19}{27}$ ⑪ $14\frac{8}{15}$ ⑫ $10\frac{11}{20}$

⑬ $14\frac{29}{39}$ ⑭ $10\frac{24}{49}$ ⑮ $13\frac{55}{78}$ ⑯ $12\frac{3}{4}$

105~04

① $6\frac{1}{12}$ ② $9\frac{9}{20}$ ③ $6\frac{3}{10}$ ④ $10\frac{5}{12}$ ⑤ $7\frac{25}{36}$ ⑥ $8\frac{7}{8}$

⑦ $8\frac{35}{48}$ ⑧ $8\frac{63}{78}$ ⑨ $7\frac{5}{8}$ ⑩ $8\frac{1}{2}$ ⑪ $10\frac{35}{54}$ ⑫ $8\frac{31}{45}$

⑬ $11\frac{52}{65}$ ⑭ $13\frac{19}{30}$ ⑮ $10\frac{16}{25}$ ⑯ $12\frac{43}{52}$

105~05

① $6\frac{16}{63}$ ② $7\frac{6}{15}$ ③ $9\frac{4}{7}$ ④ $7\frac{11}{42}$ ⑤ $11\frac{11}{30}$ ⑥ $10\frac{17}{78}$

⑦ $9\frac{23}{98}$ ⑧ $12\frac{1}{2}$ ⑨ $6\frac{1}{2}$ ⑩ $13\frac{3}{40}$ ⑪ $9\frac{1}{45}$ ⑫ $6\frac{5}{8}$

⑬ $12\frac{5}{9}$ ⑭ $8\frac{71}{90}$ ⑮ $11\frac{7}{9}$ ⑯ $10\frac{39}{50}$

105~06

① $8\frac{17}{36}$ ② $8\frac{5}{7}$ ③ $9\frac{17}{30}$ ④ $7\frac{27}{70}$ ⑤ $10\frac{23}{26}$ ⑥ $7\frac{29}{32}$

⑦ $7\frac{38}{49}$ ⑧ $13\frac{5}{12}$ ⑨ $7\frac{11}{24}$ ⑩ $6\frac{9}{26}$ ⑪ $8\frac{15}{22}$ ⑫ $6\frac{23}{32}$

⑬ $12\frac{4}{5}$ ⑭ $9\frac{54}{65}$ ⑮ $11\frac{31}{36}$ ⑯ $8\frac{47}{90}$

105~07

① $6\frac{2}{9}$ ② $7\frac{37}{64}$ ③ $10\frac{31}{65}$ ④ $11\frac{23}{42}$ ⑤ $8\frac{23}{90}$ ⑥ $1\frac{11}{14}$

⑦ $9\frac{49}{90}$ ⑧ $10\frac{1}{2}$ ⑨ $8\frac{22}{49}$ ⑩ $8\frac{34}{63}$ ⑪ $11\frac{16}{39}$ ⑫ $8\frac{11}{20}$

⑬ $9\frac{2}{3}$ ⑭ $12\frac{4}{5}$ ⑮ $16\frac{19}{26}$ ⑯ $12\frac{11}{16}$

105~08

① $6\frac{26}{85}$ ② $7\frac{2}{7}$ ③ $9\frac{15}{28}$ ④ $10\frac{7}{10}$ ⑤ $15\frac{9}{20}$ ⑥ $10\frac{19}{30}$

⑦ $13\frac{37}{60}$ ⑧ $11\frac{22}{39}$ ⑨ $10\frac{7}{16}$ ⑩ $11\frac{8}{15}$ ⑪ $9\frac{13}{24}$ ⑫ $13\frac{19}{33}$

⑬ $17\frac{27}{98}$ ⑭ $13\frac{1}{3}$ ⑮ $13\frac{19}{24}$ ⑯ $10\frac{42}{65}$

105~09

① $6\frac{8}{21}$ ② $9\frac{1}{5}$ ③ $7\frac{5}{9}$ ④ $8\frac{21}{40}$ ⑤ $8\frac{53}{65}$ ⑥ $13\frac{23}{26}$

⑦ $11\frac{27}{32}$ ⑧ $10\frac{10}{21}$ ⑨ $6\frac{2}{3}$ ⑩ $8\frac{7}{55}$ ⑪ $11\frac{3}{4}$ ⑫ $8\frac{49}{90}$

⑬ $8\frac{29}{70}$ ⑭ $12\frac{2}{3}$ ⑮ $10\frac{3}{7}$ ⑯ $10\frac{2}{9}$

105~10

① $6\frac{1}{4}$ ② $10\frac{25}{63}$ ③ $10\frac{2}{5}$ ④ $13\frac{47}{70}$ ⑤ $9\frac{7}{13}$ ⑥ $12\frac{31}{54}$

⑦ $12\frac{37}{65}$ ⑧ $8\frac{11}{20}$ ⑨ $7\frac{7}{15}$ ⑩ $8\frac{31}{60}$ ⑪ $8\frac{11}{20}$ ⑫ $12\frac{1}{2}$

⑬ $10\frac{13}{30}$ ⑭ $10\frac{2}{3}$ ⑮ $11\frac{73}{91}$ ⑯ $11\frac{11}{13}$

106~01
① $\frac{5}{14}$ ② $\frac{7}{20}$ ③ $\frac{7}{18}$ ④ $\frac{5}{12}$ ⑤ $\frac{3}{26}$ ⑥ $\frac{3}{11}$ ⑦ $\frac{1}{2}$
⑧ $\frac{18}{65}$ ⑨ $\frac{3}{16}$ ⑩ $\frac{1}{12}$ ⑪ $\frac{7}{30}$ ⑫ $\frac{5}{24}$ ⑬ $\frac{37}{56}$ ⑭ $\frac{7}{30}$
⑮ $\frac{21}{40}$ ⑯ $\frac{17}{36}$ ⑰ $\frac{7}{39}$ ⑱ $\frac{1}{4}$

106~06
① $\frac{7}{18}$ ② $\frac{1}{20}$ ③ $\frac{19}{24}$ ④ $\frac{29}{40}$ ⑤ $\frac{31}{72}$ ⑥ $\frac{41}{49}$ ⑦ $\frac{9}{14}$
⑧ $\frac{11}{16}$ ⑨ $\frac{23}{26}$ ⑩ $\frac{4}{21}$ ⑪ $\frac{1}{2}$ ⑫ $\frac{7}{18}$ ⑬ $\frac{23}{39}$ ⑭ $\frac{4}{9}$
⑮ $\frac{11}{36}$ ⑯ $\frac{7}{12}$ ⑰ $\frac{39}{50}$ ⑱ $\frac{7}{13}$

106~02
① $\frac{2}{15}$ ② $\frac{1}{3}$ ③ $\frac{4}{15}$ ④ $\frac{5}{22}$ ⑤ $\frac{3}{10}$ ⑥ $\frac{13}{36}$ ⑦ $\frac{9}{20}$
⑧ $\frac{10}{27}$ ⑨ $\frac{14}{55}$ ⑩ $\frac{1}{4}$ ⑪ $\frac{4}{21}$ ⑫ $\frac{1}{4}$ ⑬ $\frac{11}{40}$ ⑭ $\frac{3}{8}$
⑮ $\frac{27}{52}$ ⑯ $\frac{25}{42}$ ⑰ $\frac{5}{48}$ ⑱ $\frac{3}{26}$

106~07
① $\frac{3}{8}$ ② $\frac{3}{20}$ ③ $\frac{7}{12}$ ④ $\frac{41}{60}$ ⑤ $\frac{3}{13}$ ⑥ $\frac{16}{21}$ ⑦ $\frac{3}{5}$
⑧ $\frac{13}{30}$ ⑨ $\frac{29}{33}$ ⑩ $\frac{4}{21}$ ⑪ $\frac{17}{20}$ ⑫ $\frac{4}{9}$ ⑬ $\frac{17}{20}$ ⑭ $\frac{53}{90}$
⑮ $\frac{7}{8}$ ⑯ $\frac{71}{80}$ ⑰ $\frac{27}{40}$ ⑱ $\frac{11}{28}$

106~03
① $\frac{2}{9}$ ② $\frac{3}{28}$ ③ $\frac{2}{5}$ ④ $\frac{9}{16}$ ⑤ $\frac{7}{9}$ ⑥ $\frac{6}{11}$ ⑦ $\frac{23}{48}$
⑧ $\frac{14}{51}$ ⑨ $\frac{21}{50}$ ⑩ $\frac{4}{21}$ ⑪ $\frac{3}{8}$ ⑫ $\frac{7}{15}$ ⑬ $\frac{19}{24}$ ⑭ $\frac{9}{14}$
⑮ $\frac{1}{90}$ ⑯ $\frac{15}{49}$ ⑰ $\frac{3}{5}$ ⑱ $\frac{1}{2}$

106~08
① $\frac{3}{40}$ ② $\frac{12}{85}$ ③ $\frac{3}{7}$ ④ $\frac{13}{48}$ ⑤ $\frac{23}{42}$ ⑥ $\frac{42}{65}$ ⑦ $\frac{2}{3}$
⑧ $\frac{53}{60}$ ⑨ $\frac{61}{90}$ ⑩ $\frac{5}{14}$ ⑪ $\frac{4}{63}$ ⑫ $\frac{17}{24}$ ⑬ $\frac{22}{27}$ ⑭ $\frac{5}{12}$
⑮ $\frac{29}{33}$ ⑯ $\frac{19}{28}$ ⑰ $\frac{71}{80}$ ⑱ $\frac{34}{49}$

106~04
① $\frac{1}{72}$ ② $\frac{3}{8}$ ③ $\frac{3}{10}$ ④ $\frac{13}{20}$ ⑤ $\frac{7}{9}$ ⑥ $\frac{1}{3}$ ⑦ $\frac{37}{78}$
⑧ $\frac{2}{5}$ ⑨ $\frac{35}{48}$ ⑩ $\frac{1}{12}$ ⑪ $\frac{1}{6}$ ⑫ $\frac{4}{9}$ ⑬ $\frac{5}{6}$ ⑭ $\frac{13}{36}$
⑮ $\frac{1}{12}$ ⑯ $\frac{41}{49}$ ⑰ $\frac{21}{26}$ ⑱ $\frac{27}{52}$

106~09
① $\frac{3}{8}$ ② $\frac{17}{28}$ ③ $\frac{71}{80}$ ④ $\frac{65}{84}$ ⑤ $\frac{13}{48}$ ⑥ $\frac{11}{15}$ ⑦ $\frac{1}{2}$
⑧ $\frac{1}{4}$ ⑨ $\frac{11}{28}$ ⑩ $\frac{3}{40}$ ⑪ $\frac{31}{36}$ ⑫ $\frac{17}{32}$ ⑬ $\frac{17}{27}$ ⑭ $\frac{5}{12}$
⑮ $\frac{44}{65}$ ⑯ $\frac{1}{2}$ ⑰ $\frac{2}{3}$ ⑱ $\frac{69}{77}$

106~05
① $\frac{1}{24}$ ② $\frac{2}{5}$ ③ $\frac{2}{15}$ ④ $\frac{31}{60}$ ⑤ $\frac{20}{63}$ ⑥ $\frac{31}{42}$ ⑦ $\frac{14}{51}$
⑧ $\frac{23}{32}$ ⑨ $\frac{43}{54}$ ⑩ $\frac{4}{21}$ ⑪ $\frac{20}{63}$ ⑫ $\frac{12}{85}$ ⑬ $\frac{13}{16}$ ⑭ $\frac{19}{26}$
⑮ $\frac{4}{5}$ ⑯ $\frac{25}{36}$ ⑰ $\frac{6}{13}$ ⑱ $\frac{5}{14}$

106~10
① $\frac{4}{45}$ ② $\frac{6}{55}$ ③ $\frac{29}{76}$ ④ $\frac{31}{51}$ ⑤ $\frac{7}{15}$ ⑥ $\frac{19}{30}$ ⑦ $\frac{5}{22}$
⑧ $\frac{25}{54}$ ⑨ $\frac{89}{98}$ ⑩ $\frac{5}{24}$ ⑪ $\frac{31}{56}$ ⑫ $\frac{31}{63}$ ⑬ $\frac{13}{24}$ ⑭ $\frac{23}{35}$
⑮ $\frac{7}{13}$ ⑯ $\frac{13}{32}$ ⑰ $\frac{49}{54}$ ⑱ $\frac{43}{52}$

107~01

① $1\frac{1}{12}$ ② $1\frac{7}{10}$ ③ $2\frac{11}{14}$ ④ $1\frac{13}{40}$ ⑤ $\frac{11}{15}$ ⑥ $1\frac{19}{48}$

⑦ $2\frac{15}{26}$ ⑧ $\frac{5}{28}$ ⑨ $\frac{9}{20}$ ⑩ $1\frac{7}{24}$ ⑪ $2\frac{4}{9}$ ⑫ $1\frac{13}{36}$

⑬ $4\frac{3}{5}$ ⑭ $2\frac{1}{4}$ ⑮ $1\frac{25}{68}$ ⑯ $2\frac{25}{56}$

107~06

① $1\frac{3}{40}$ ② $\frac{19}{24}$ ③ $\frac{19}{30}$ ④ $\frac{7}{12}$ ⑤ $2\frac{7}{18}$ ⑥ $1\frac{11}{20}$

⑦ $1\frac{31}{36}$ ⑧ $4\frac{23}{96}$ ⑨ $1\frac{1}{4}$ ⑩ $\frac{17}{18}$ ⑪ $2\frac{5}{8}$ ⑫ $1\frac{23}{51}$

⑬ $2\frac{2}{5}$ ⑭ $1\frac{1}{3}$ ⑮ $2\frac{11}{30}$ ⑯ $1\frac{7}{22}$

107~02

① $\frac{10}{21}$ ② $2\frac{5}{8}$ ③ $2\frac{13}{36}$ ④ $1\frac{7}{36}$ ⑤ $3\frac{5}{16}$ ⑥ $2\frac{52}{63}$

⑦ $1\frac{49}{64}$ ⑧ $2\frac{17}{48}$ ⑨ $\frac{2}{3}$ ⑩ $1\frac{13}{30}$ ⑪ $2\frac{15}{44}$ ⑫ $1\frac{4}{15}$

⑬ $1\frac{23}{49}$ ⑭ $3\frac{21}{38}$ ⑮ $1\frac{11}{84}$ ⑯ $2\frac{11}{60}$

107~07

① $1\frac{1}{6}$ ② $\frac{33}{40}$ ③ $3\frac{1}{2}$ ④ $1\frac{8}{9}$ ⑤ $3\frac{34}{45}$ ⑥ $2\frac{7}{12}$

⑦ $4\frac{9}{14}$ ⑧ $2\frac{7}{20}$ ⑨ $1\frac{1}{18}$ ⑩ $1\frac{13}{14}$ ⑪ $3\frac{19}{35}$ ⑫ $2\frac{7}{10}$

⑬ $2\frac{76}{85}$ ⑭ $3\frac{19}{24}$ ⑮ $2\frac{3}{65}$ ⑯ $3\frac{9}{11}$

107~03

① $\frac{5}{6}$ ② $1\frac{12}{35}$ ③ $2\frac{13}{36}$ ④ $1\frac{4}{15}$ ⑤ $\frac{17}{42}$ ⑥ $3\frac{10}{63}$

⑦ $4\frac{2}{7}$ ⑧ $2\frac{5}{48}$ ⑨ $\frac{11}{18}$ ⑩ $1\frac{11}{24}$ ⑪ $3\frac{7}{36}$ ⑫ $1\frac{1}{6}$

⑬ $1\frac{22}{85}$ ⑭ $2\frac{9}{56}$ ⑮ $1\frac{5}{36}$ ⑯ $\frac{14}{39}$

107~08

① $1\frac{2}{9}$ ② $2\frac{1}{10}$ ③ $1\frac{16}{21}$ ④ $3\frac{1}{8}$ ⑤ $1\frac{17}{24}$ ⑥ $\frac{35}{51}$

⑦ $2\frac{13}{20}$ ⑧ $1\frac{411}{416}$ ⑨ $1\frac{3}{28}$ ⑩ $2\frac{28}{45}$ ⑪ $1\frac{30}{49}$ ⑫ $2\frac{28}{39}$

⑬ $1\frac{7}{15}$ ⑭ $1\frac{2}{3}$ ⑮ $2\frac{6}{7}$ ⑯ $2\frac{11}{18}$

107~04

① $\frac{10}{21}$ ② $1\frac{9}{20}$ ③ $2\frac{13}{30}$ ④ $1\frac{7}{20}$ ⑤ $\frac{5}{9}$ ⑥ $2\frac{3}{4}$

⑦ $2\frac{27}{65}$ ⑧ $2\frac{2}{11}$ ⑨ $\frac{7}{8}$ ⑩ $1\frac{13}{40}$ ⑪ $2\frac{7}{9}$ ⑫ $1\frac{19}{21}$

⑬ $\frac{8}{15}$ ⑭ $2\frac{59}{72}$ ⑮ $1\frac{50}{81}$ ⑯ $3\frac{1}{2}$

107~09

① $1\frac{1}{12}$ ② $1\frac{15}{28}$ ③ $1\frac{19}{48}$ ④ $3\frac{11}{30}$ ⑤ $2\frac{25}{72}$ ⑥ $1\frac{5}{6}$

⑦ $3\frac{1}{9}$ ⑧ $1\frac{29}{80}$ ⑨ $1\frac{3}{8}$ ⑩ $2\frac{25}{72}$ ⑪ $1\frac{16}{55}$ ⑫ $2\frac{2}{3}$

⑬ $2\frac{33}{38}$ ⑭ $1\frac{9}{10}$ ⑮ $2\frac{23}{30}$ ⑯ $1\frac{65}{72}$

107~05

① $1\frac{1}{10}$ ② $1\frac{23}{63}$ ③ $1\frac{17}{22}$ ④ $3\frac{9}{20}$ ⑤ $2\frac{21}{52}$ ⑥ $1\frac{11}{15}$

⑦ $3\frac{1}{30}$ ⑧ $3\frac{1}{3}$ ⑨ $\frac{5}{6}$ ⑩ $2\frac{13}{24}$ ⑪ $3\frac{11}{18}$ ⑫ $2\frac{17}{30}$

⑬ $1\frac{19}{36}$ ⑭ $1\frac{7}{11}$ ⑮ $2\frac{17}{60}$ ⑯ $1\frac{4}{9}$

107~10

① $1\frac{1}{12}$ ② $1\frac{11}{24}$ ③ $1\frac{5}{8}$ ④ $2\frac{23}{63}$ ⑤ $1\frac{19}{24}$ ⑥ $2\frac{26}{33}$

⑦ $1\frac{19}{30}$ ⑧ $2\frac{37}{80}$ ⑨ $1\frac{3}{28}$ ⑩ $1\frac{13}{20}$ ⑪ $2\frac{17}{22}$ ⑫ $1\frac{5}{6}$

⑬ $1\frac{3}{4}$ ⑭ $1\frac{34}{35}$ ⑮ $2\frac{1}{3}$ ⑯ $3\frac{35}{48}$

108~01
① $2\frac{25}{68}$ ② $4\frac{1}{2}$ ③ $\frac{1}{4}$ ④ $3\frac{41}{60}$ ⑤ $8\frac{5}{26}$ ⑥ $6\frac{11}{78}$

⑦ $2\frac{17}{75}$ ⑧ $5\frac{11}{90}$ ⑨ $3\frac{19}{48}$ ⑩ $4\frac{41}{65}$ ⑪ $2\frac{7}{13}$ ⑫ $1\frac{3}{8}$

⑬ $3\frac{10}{27}$ ⑭ $4\frac{11}{35}$ ⑮ $2\frac{5}{33}$ ⑯ $5\frac{13}{72}$

108~02
① $2\frac{9}{28}$ ② $3\frac{3}{7}$ ③ $1\frac{13}{33}$ ④ $\frac{17}{18}$ ⑤ $2\frac{5}{13}$ ⑥ $1\frac{4}{15}$

⑦ $4\frac{6}{65}$ ⑧ $6\frac{9}{25}$ ⑨ $5\frac{9}{40}$ ⑩ $6\frac{5}{18}$ ⑪ $3\frac{1}{3}$ ⑫ $4\frac{17}{24}$

⑬ $8\frac{10}{39}$ ⑭ $6\frac{7}{9}$ ⑮ $5\frac{3}{10}$ ⑯ $4\frac{3}{26}$

108~03
① $2\frac{2}{5}$ ② $3\frac{11}{24}$ ③ $1\frac{13}{72}$ ④ $4\frac{2}{9}$ ⑤ $5\frac{7}{30}$ ⑥ $6\frac{4}{9}$

⑦ $7\frac{1}{4}$ ⑧ $3\frac{43}{98}$ ⑨ $2\frac{11}{28}$ ⑩ $1\frac{3}{4}$ ⑪ $4\frac{3}{4}$ ⑫ $3\frac{19}{42}$

⑬ $2\frac{11}{26}$ ⑭ $1\frac{15}{22}$ ⑮ $4\frac{11}{15}$ ⑯ $3\frac{55}{68}$

108~04
① $3\frac{37}{80}$ ② $2\frac{5}{9}$ ③ $1\frac{17}{20}$ ④ $4\frac{7}{16}$ ⑤ $3\frac{17}{60}$ ⑥ $6\frac{8}{35}$

⑦ $5\frac{3}{10}$ ⑧ $7\frac{9}{20}$ ⑨ $2\frac{1}{3}$ ⑩ $4\frac{11}{60}$ ⑪ $3\frac{8}{45}$ ⑫ $5\frac{19}{60}$

⑬ $6\frac{1}{10}$ ⑭ $7\frac{1}{6}$ ⑮ $4\frac{5}{26}$ ⑯ $5\frac{13}{75}$

108~05
① $3\frac{3}{5}$ ② $2\frac{4}{15}$ ③ $1\frac{15}{44}$ ④ $4\frac{2}{3}$ ⑤ $6\frac{13}{28}$ ⑥ $2\frac{3}{8}$

⑦ $3\frac{1}{5}$ ⑧ $5\frac{4}{13}$ ⑨ $1\frac{7}{24}$ ⑩ $3\frac{8}{15}$ ⑪ $5\frac{13}{25}$ ⑫ $2\frac{7}{22}$

⑬ $4\frac{8}{45}$ ⑭ $6\frac{25}{84}$ ⑮ $7\frac{3}{8}$ ⑯ $4\frac{13}{30}$

108~06
① $1\frac{11}{64}$ ② $5\frac{5}{42}$ ③ $8\frac{13}{36}$ ④ $3\frac{7}{12}$ ⑤ $6\frac{2}{13}$ ⑥ $7\frac{7}{54}$

⑦ $4\frac{9}{80}$ ⑧ $3\frac{21}{26}$ ⑨ $4\frac{4}{7}$ ⑩ $2\frac{17}{24}$ ⑪ $1\frac{11}{72}$ ⑫ $3\frac{7}{8}$

⑬ $4\frac{5}{21}$ ⑭ $5\frac{19}{36}$ ⑮ $6\frac{36}{65}$ ⑯ $7\frac{17}{39}$

108~07
① $3\frac{19}{30}$ ② $4\frac{41}{95}$ ③ $2\frac{2}{15}$ ④ $1\frac{7}{16}$ ⑤ $5\frac{7}{30}$ ⑥ $1\frac{5}{8}$

⑦ $3\frac{5}{6}$ ⑧ $2\frac{37}{78}$ ⑨ $4\frac{3}{8}$ ⑩ $3\frac{17}{72}$ ⑪ $1\frac{19}{27}$ ⑫ $4\frac{33}{35}$

⑬ $5\frac{7}{10}$ ⑭ $1\frac{2}{3}$ ⑮ $2\frac{14}{39}$ ⑯ $4\frac{1}{3}$

108~08
① $2\frac{13}{40}$ ② $3\frac{7}{12}$ ③ $4\frac{27}{85}$ ④ $6\frac{11}{45}$ ⑤ $1\frac{2}{7}$ ⑥ $5\frac{13}{30}$

⑦ $3\frac{3}{14}$ ⑧ $2\frac{17}{72}$ ⑨ $4\frac{1}{3}$ ⑩ $5\frac{16}{65}$ ⑪ $7\frac{19}{48}$ ⑫ $5\frac{11}{36}$

⑬ $6\frac{13}{54}$ ⑭ $3\frac{5}{16}$ ⑮ $2\frac{5}{44}$ ⑯ $3\frac{8}{15}$

108~09
① $3\frac{22}{63}$ ② $2\frac{3}{5}$ ③ $4\frac{9}{16}$ ④ $1\frac{7}{30}$ ⑤ $3\frac{7}{27}$ ⑥ $5\frac{11}{48}$

⑦ $6\frac{3}{4}$ ⑧ $5\frac{10}{27}$ ⑨ $3\frac{23}{60}$ ⑩ $7\frac{6}{27}$ ⑪ $4\frac{1}{2}$ ⑫ $2\frac{5}{18}$

⑬ $1\frac{9}{26}$ ⑭ $3\frac{17}{72}$ ⑮ $4\frac{18}{55}$ ⑯ $1\frac{17}{75}$

108~10
① $3\frac{2}{7}$ ② $2\frac{16}{65}$ ③ $4\frac{3}{13}$ ④ $6\frac{25}{36}$ ⑤ $5\frac{1}{3}$ ⑥ $2\frac{8}{45}$

⑦ $1\frac{37}{77}$ ⑧ $3\frac{8}{91}$ ⑨ $4\frac{4}{15}$ ⑩ $2\frac{8}{35}$ ⑪ $3\frac{19}{54}$ ⑫ $1\frac{5}{14}$

⑬ $4\frac{23}{78}$ ⑭ $3\frac{17}{78}$ ⑮ $5\frac{1}{5}$ ⑯ $1\frac{13}{40}$

109~01

① $\frac{1}{6}$ ② $1\frac{2}{35}$ ③ $1\frac{3}{20}$ ④ $2\frac{19}{26}$ ⑤ $1\frac{19}{20}$ ⑥ $\frac{7}{10}$

⑦ $\frac{3}{4}$ ⑧ $1\frac{4}{5}$ ⑨ $\frac{1}{20}$ ⑩ $1\frac{1}{3}$ ⑪ $2\frac{13}{48}$ ⑫ $\frac{5}{9}$

⑬ $1\frac{5}{12}$ ⑭ $\frac{2}{5}$ ⑮ $2\frac{44}{85}$ ⑯ $1\frac{4}{9}$

109~06

① $\frac{1}{12}$ ② $2\frac{4}{21}$ ③ $\frac{13}{15}$ ④ $\frac{13}{20}$ ⑤ $1\frac{7}{10}$ ⑥ $1\frac{7}{12}$

⑦ $2\frac{35}{51}$ ⑧ $2\frac{4}{49}$ ⑨ $\frac{3}{10}$ ⑩ $1\frac{1}{8}$ ⑪ $1\frac{15}{16}$ ⑫ $1\frac{2}{3}$

⑬ $2\frac{23}{30}$ ⑭ $1\frac{19}{30}$ ⑮ $1\frac{15}{16}$ ⑯ $2\frac{5}{12}$

109~02

① $1\frac{1}{6}$ ② $2\frac{3}{28}$ ③ $3\frac{1}{3}$ ④ $1\frac{23}{38}$ ⑤ $1\frac{19}{48}$ ⑥ $3\frac{4}{9}$

⑦ $2\frac{25}{32}$ ⑧ $2\frac{2}{3}$ ⑨ $1\frac{7}{18}$ ⑩ $3\frac{1}{30}$ ⑪ $2\frac{15}{28}$ ⑫ $2\frac{3}{8}$

⑬ $1\frac{2}{7}$ ⑭ $1\frac{5}{6}$ ⑮ $1\frac{3}{4}$ ⑯ $3\frac{11}{15}$

109~07

① $\frac{1}{12}$ ② $1\frac{1}{6}$ ③ $1\frac{3}{4}$ ④ $1\frac{1}{3}$ ⑤ $1\frac{1}{2}$ ⑥ $3\frac{1}{15}$

⑦ $1\frac{34}{45}$ ⑧ $\frac{3}{4}$ ⑨ $\frac{5}{14}$ ⑩ $1\frac{11}{12}$ ⑪ $1\frac{11}{24}$ ⑫ $1\frac{11}{20}$

⑬ $1\frac{38}{65}$ ⑭ $1\frac{23}{45}$ ⑮ $1\frac{1}{8}$ ⑯ $\frac{49}{54}$

109~03

① $1\frac{1}{12}$ ② $2\frac{3}{10}$ ③ $1\frac{4}{7}$ ④ $1\frac{1}{30}$ ⑤ $\frac{7}{12}$ ⑥ $1\frac{37}{60}$

⑦ $2\frac{9}{20}$ ⑧ $2\frac{19}{36}$ ⑨ $1\frac{1}{12}$ ⑩ $3\frac{1}{24}$ ⑪ $2\frac{7}{10}$ ⑫ $\frac{43}{65}$

⑬ $1\frac{3}{4}$ ⑭ $\frac{38}{51}$ ⑮ $1\frac{1}{3}$ ⑯ $1\frac{17}{30}$

109~08

① $\frac{1}{30}$ ② $1\frac{1}{72}$ ③ $2\frac{1}{16}$ ④ $1\frac{1}{6}$ ⑤ $1\frac{29}{36}$ ⑥ $2\frac{1}{20}$

⑦ $1\frac{2}{3}$ ⑧ $1\frac{4}{5}$ ⑨ $\frac{1}{42}$ ⑩ $1\frac{1}{14}$ ⑪ $2\frac{7}{10}$ ⑫ $1\frac{1}{4}$

⑬ $1\frac{67}{85}$ ⑭ $2\frac{1}{39}$ ⑮ $2\frac{2}{11}$ ⑯ $1\frac{3}{5}$

109~04

① $2\frac{3}{40}$ ② $1\frac{19}{21}$ ③ $\frac{9}{10}$ ④ $2\frac{19}{30}$ ⑤ $2\frac{5}{8}$ ⑥ $1\frac{16}{27}$

⑦ $\frac{13}{21}$ ⑧ $1\frac{13}{21}$ ⑨ $2\frac{1}{3}$ ⑩ $2\frac{1}{2}$ ⑪ $\frac{27}{28}$ ⑫ $1\frac{67}{85}$

⑬ $1\frac{8}{9}$ ⑭ $1\frac{19}{30}$ ⑮ $2\frac{9}{20}$ ⑯ $1\frac{11}{18}$

109~09

① $\frac{1}{20}$ ② $1\frac{4}{9}$ ③ $\frac{19}{22}$ ④ $1\frac{31}{72}$ ⑤ $\frac{20}{21}$ ⑥ $2\frac{59}{60}$

⑦ $\frac{67}{90}$ ⑧ $\frac{13}{16}$ ⑨ $\frac{3}{40}$ ⑩ $1\frac{1}{2}$ ⑪ $1\frac{1}{9}$ ⑫ $1\frac{9}{38}$

⑬ $2\frac{5}{51}$ ⑭ $1\frac{47}{54}$ ⑮ $1\frac{13}{15}$ ⑯ $\frac{71}{84}$

109~05

① $\frac{2}{15}$ ② $2\frac{1}{20}$ ③ $\frac{2}{3}$ ④ $1\frac{13}{18}$ ⑤ $1\frac{19}{22}$ ⑥ $2\frac{11}{14}$

⑦ $1\frac{74}{85}$ ⑧ $1\frac{9}{10}$ ⑨ $\frac{3}{8}$ ⑩ $1\frac{2}{9}$ ⑪ $1\frac{17}{30}$ ⑫ $2\frac{5}{8}$

⑬ $1\frac{37}{52}$ ⑭ $2\frac{1}{6}$ ⑮ $\frac{23}{30}$ ⑯ $1\frac{19}{27}$

109~10

① $\frac{1}{12}$ ② $2\frac{2}{9}$ ③ $\frac{51}{55}$ ④ $1\frac{5}{9}$ ⑤ $\frac{29}{30}$ ⑥ $\frac{5}{7}$

⑦ $2\frac{1}{33}$ ⑧ $1\frac{3}{4}$ ⑨ $\frac{1}{72}$ ⑩ $3\frac{2}{5}$ ⑪ $\frac{59}{63}$ ⑫ $1\frac{1}{28}$

⑬ $1\frac{3}{4}$ ⑭ $1\frac{7}{12}$ ⑮ $2\frac{1}{8}$ ⑯ $1\frac{8}{35}$

정답

110~01

① $2\frac{13}{18}$ ② $2\frac{3}{4}$ ③ $3\frac{9}{10}$ ④ $3\frac{11}{12}$ ⑤ $1\frac{43}{48}$ ⑥ $3\frac{11}{30}$

⑦ $2\frac{3}{22}$ ⑧ $4\frac{23}{24}$ ⑨ $1\frac{54}{65}$ ⑩ $2\frac{19}{24}$ ⑪ $2\frac{47}{48}$ ⑫ $3\frac{5}{6}$

⑬ $3\frac{1}{12}$ ⑭ $2\frac{37}{40}$ ⑮ $3\frac{53}{60}$ ⑯ $2\frac{1}{98}$

110~02

① $2\frac{25}{28}$ ② $2\frac{23}{24}$ ③ $1\frac{35}{39}$ ④ $2\frac{41}{54}$ ⑤ $3\frac{42}{55}$ ⑥ $2\frac{25}{26}$

⑦ $3\frac{56}{75}$ ⑧ $3\frac{13}{18}$ ⑨ $3\frac{57}{65}$ ⑩ $4\frac{3}{40}$ ⑪ $2\frac{41}{48}$ ⑫ $\frac{13}{15}$

⑬ $3\frac{14}{15}$ ⑭ $3\frac{79}{98}$ ⑮ $3\frac{76}{91}$ ⑯ $3\frac{35}{48}$

110~03

① $2\frac{35}{48}$ ② $3\frac{1}{36}$ ③ $1\frac{24}{25}$ ④ $1\frac{37}{39}$ ⑤ $1\frac{73}{75}$ ⑥ $2\frac{1}{72}$

⑦ $3\frac{5}{78}$ ⑧ $3\frac{17}{20}$ ⑨ $3\frac{17}{20}$ ⑩ $1\frac{25}{26}$ ⑪ $2\frac{7}{90}$ ⑫ $3\frac{28}{35}$

⑬ $2\frac{11}{12}$ ⑭ $1\frac{52}{55}$ ⑮ $1\frac{61}{65}$ ⑯ $2\frac{5}{6}$

110~04

① $2\frac{7}{16}$ ② $3\frac{2}{15}$ ③ $2\frac{1}{9}$ ④ $1\frac{48}{65}$ ⑤ $2\frac{37}{60}$ ⑥ $2\frac{10}{39}$

⑦ $1\frac{43}{50}$ ⑧ $1\frac{19}{24}$ ⑨ $1\frac{23}{27}$ ⑩ $3\frac{38}{49}$ ⑪ $3\frac{31}{36}$ ⑫ $3\frac{35}{39}$

⑬ $3\frac{19}{48}$ ⑭ $1\frac{7}{9}$ ⑮ $2\frac{71}{75}$ ⑯ $2\frac{23}{27}$

110~05

① $1\frac{67}{72}$ ② $1\frac{11}{15}$ ③ $3\frac{25}{36}$ ④ $3\frac{37}{60}$ ⑤ $3\frac{9}{11}$ ⑥ $3\frac{63}{65}$

⑦ $3\frac{13}{15}$ ⑧ $1\frac{9}{10}$ ⑨ $2\frac{15}{26}$ ⑩ $3\frac{1}{30}$ ⑪ $3\frac{56}{65}$ ⑫ $1\frac{71}{80}$

⑬ $1\frac{47}{48}$ ⑭ $3\frac{35}{39}$ ⑮ $1\frac{8}{9}$ ⑯ $3\frac{44}{49}$

110~06

① $2\frac{67}{72}$ ② $2\frac{43}{52}$ ③ $1\frac{2}{3}$ ④ $3\frac{47}{60}$ ⑤ $1\frac{4}{5}$ ⑥ $3\frac{29}{36}$

⑦ $2\frac{37}{45}$ ⑧ $3\frac{11}{12}$ ⑨ $1\frac{24}{35}$ ⑩ $2\frac{1}{30}$ ⑪ $1\frac{17}{20}$ ⑫ $3\frac{49}{72}$

⑬ $3\frac{47}{55}$ ⑭ $3\frac{67}{78}$ ⑮ $1\frac{58}{65}$ ⑯ $1\frac{19}{21}$

110~07

① $2\frac{3}{16}$ ② $3\frac{1}{36}$ ③ $2\frac{19}{20}$ ④ $1\frac{43}{48}$ ⑤ $1\frac{43}{49}$ ⑥ $2\frac{3}{80}$

⑦ $2\frac{35}{36}$ ⑧ $3\frac{49}{52}$ ⑨ $2\frac{3}{20}$ ⑩ $2\frac{1}{15}$ ⑪ $1\frac{23}{24}$ ⑫ $2\frac{53}{54}$

⑬ $3\frac{37}{39}$ ⑭ $2\frac{2}{45}$ ⑮ $2\frac{2}{45}$ ⑯ $4\frac{47}{50}$

110~08

① $2\frac{17}{18}$ ② $2\frac{27}{28}$ ③ $2\frac{23}{26}$ ④ $2\frac{37}{42}$ ⑤ $\frac{4}{7}$ ⑥ $1\frac{11}{20}$

⑦ $2\frac{17}{20}$ ⑧ $\frac{7}{16}$ ⑨ $2\frac{11}{15}$ ⑩ $4\frac{7}{11}$ ⑪ $1\frac{53}{90}$ ⑫ $4\frac{5}{8}$

⑬ $3\frac{23}{45}$ ⑭ $2\frac{37}{80}$ ⑮ $2\frac{58}{65}$ ⑯ $1\frac{8}{9}$

110~09

① $1\frac{5}{6}$ ② $3\frac{29}{36}$ ③ $1\frac{71}{80}$ ④ $1\frac{79}{90}$ ⑤ $2\frac{47}{78}$ ⑥ $3\frac{19}{35}$

⑦ $1\frac{41}{65}$ ⑧ $2\frac{49}{90}$ ⑨ $2\frac{3}{5}$ ⑩ $2\frac{37}{66}$ ⑪ $1\frac{19}{26}$ ⑫ $1\frac{3}{4}$

⑬ $1\frac{55}{78}$ ⑭ $3\frac{29}{35}$ ⑮ $3\frac{57}{91}$ ⑯ $3\frac{6}{7}$

110~10

① $2\frac{9}{10}$ ② $2\frac{17}{18}$ ③ $3\frac{22}{25}$ ④ $2\frac{11}{18}$ ⑤ $2\frac{63}{80}$ ⑥ $1\frac{71}{78}$

⑦ $1\frac{19}{22}$ ⑧ $3\frac{7}{10}$ ⑨ $3\frac{23}{30}$ ⑩ $3\frac{57}{65}$ ⑪ $1\frac{9}{14}$ ⑫ $2\frac{13}{16}$

⑬ $2\frac{52}{65}$ ⑭ $2\frac{57}{70}$ ⑮ $3\frac{32}{35}$ ⑯ $1\frac{23}{30}$

5분 문장제 　분수 · 소수의 덧셈과 뺄셈 (완성)

1. 꽃밭의 $\frac{1}{3}$ 에는 해바라기를 심고, $\frac{5}{8}$ 에는 튤립을 심었습니다. 해바라기와 튤립을 심은 부분은 꽃밭 전체의 얼마입니까?

   식: _____　　　답: _____

2. 나연이는 생일 선물로 동화책 한 권을 받았습니다. 어제는 전체의 0.2권을 읽었고, 오늘은 전체의 $\frac{2}{7}$ 권을 읽었습니다. 어제와 오늘 읽은 부분은 전체의 몇 분의 몇 권입니까?

   식: _____　　　답: _____ 권

3. 선물을 포장하는 데 노란색 리본 0.3m와 파란색 리본 $\frac{2}{7}$ m를 사용하였습니다. 사용한 리본은 모두 몇 m인지 분수로 나타내시오.

   식: _____　　　답: _____ m

4. 정은이의 책가방 무게는 0.6kg이고, 여진이의 책가방 무게는 $\frac{5}{7}$kg입니다. 두 사람의 책가방 무게의 합은 몇 kg인지 분수로 나타내시오.

    식: _____　　답: _____ kg

5. 지연이는 할머니 댁에 가는 데 기차로 1.75시간, 버스로 갈아 타고 $\frac{5}{6}$시간이 걸렸습니다. 지연이가 할머니 댁에 가는 데 걸린 시간은 모두 몇 시간인지 분수로 나타내시오.

    식: _____　　답: _____ 시간

6. 집에서 놀이터까지의 거리는 1.6km이고, 놀이터에서 약국까지의 거리는 $1\frac{1}{6}$km입니다. 집에서 놀이터를 거쳐 약국까지의 거리는 몇 km인지 분수로 나타내시오.

    식: _____　　답: _____ km

7. 가인이는 케이크를 1.3조각, 정훈이는 $2\dfrac{3}{8}$조각을 먹었습니다. 두 사람이 먹은 케이크의 양은 모두 얼마인지 분수로 나타내시오.

식: _____　　답: _____ 조각

8. 미술 시간에 고리를 만들기 위해 성민이는 색 테이프를 2.6m, 준수는 $\dfrac{2}{7}$m 사용하였습니다. 두 사람이 사용한 색 테이프는 모두 몇 m인지 분수로 나타내시오.

식: _____　　답: _____ m

9. 혜란이는 밭에서 수박을 날랐습니다. 어제는 $4\dfrac{4}{9}$kg, 오늘은 $6\dfrac{1}{8}$kg 을 날랐다면, 혜란이가 어제와 오늘 나른 수박은 모두 몇 kg 입니까?

식: _____　　답: _____ kg

10. 윤수는 삼촌 댁에 가는 데 지하철로 1.58시간, 버스로 $4\frac{21}{50}$시간이 걸렸다고 합니다. 윤수가 삼촌 댁에 가는 데 걸린 시간은 모두 몇 분입니까?

식: _____   답: _____ 분

11. 태희는 $2\frac{2}{7}$ m의 노란색 끈과 2.4m의 파란색 끈을 가지고 있습니다. 태희가 가지고 있는 끈의 길이는 모두 몇 m인지 분수로 나타내시오.

식: _____   답: _____ m

12. 3.7L의 물이 들어 있는 물통에 $1\frac{4}{7}$L의 물을 더 넣었습니다. 물통에 들어 있는 물은 모두 몇 L인지 분수로 나타내시오.

식: _____   답: _____ L

13. 유희는 어제 우유 $1\frac{1}{3}$L를 마시고, 오늘은 1.6L를 마셨습니다. 유희가 어제와 오늘 마신 우유는 몇 L인지 분수로 나타내시오.

식: _____　　답: _____ L

14. 석진이는 어제 피자 $2\frac{2}{3}$ 조각을 먹었고, 오늘은 1.2 조각을 먹었습니다. 석진이가 어제와 오늘 먹은 피자는 모두 몇 조각인지 분수로 나타내시오.

식: _____　　답: _____ 조각

15. 냉장고에 주스 $1\frac{2}{7}$L가 있었는데, 어머니가 $1\frac{1}{4}$L의 주스를 더 사오셨다면, 냉장고에 있는 주스는 모두 몇 L입니까?

식: _____　　답: _____ L

16. 3.25L의 기름이 남아 있는 자동차에 기름 $5\frac{2}{3}$L를 더 넣었습니다. 자동차에 든 기름은 모두 몇 L인지 분수로 나타내시오.

　　식: _____　　답: _____ L

17. 지훈이의 책의 무게는 $1\frac{6}{15}$kg 입니다. 지훈이의 책가방의 무게가 책의 무게보다 $1\frac{5}{12}$kg 더 무겁다면, 지훈이의 책가방의 무게는 몇 kg 입니까?

　　식: _____　　답: _____ kg

18. 정민이는 $1\frac{5}{12}$시간 동안 운동을 했고, 진주는 정민이보다 $1\frac{4}{9}$시간 더 운동을 했습니다. 진주가 운동을 한 시간은 몇 시간입니까?

　　식: _____　　답: _____ 시간

19. 정현이는 초콜릿 $1\frac{2}{9}$kg과 사탕 $2\frac{1}{6}$kg을 샀습니다. 정현이가 산 초콜릿과 사탕의 무게는 모두 몇 kg 입니까?

식: _____   답: _____ kg

20. 감기에 걸린 선아는 갈색 물약 1.25㎖와 빨간색 물약 $4\frac{7}{15}$㎖를 먹어야 합니다. 선아가 한번에 먹어야 하는 물약의 양을 분수로 나타내시오.

식: _____   답: _____ ㎖

21. 기조는 과자 $1\frac{13}{28}$ 봉지를 먹었고, 수현이는 $1\frac{21}{56}$ 봉지를 먹었습니다. 기조와 수현이가 먹은 과자는 모두 몇 봉지 입니까?

식: _____   답: _____ 봉지

22. 성우는 빵 2.74개를 먹었고, 동생은 1.76개를 먹었습니다. 성우와 동생이 먹은 빵의 양을 분수로 나타내시오.

식: _____　　답: _____개

23. 금현이는 소설책 한 권 중 전체의 $\dfrac{3}{8}$ 권을 읽었습니다. 아직 읽지 않은 부분은 전체의 얼마입니까?

식: _____　　답: _____권

24. 냉장고에 있던 주스 1.5L 중에서 준하가 $\dfrac{2}{5}$ L를 마셨다면, 냉장고에 남은 주스는 몇 L인지 소수로 나타내시오.

식: _____　　답: _____L

25. 보온 도시락의 무게는 $\dfrac{6}{7}$ kg 이고, 플라스틱 도시락의 무게는 0.4kg 입니다. 보온 도시락은 플라스틱 도시락보다 얼마나 더 무거운지 분수로 나타내시오.

식: _____　답: _____ kg

26. 기훈이와 형미는 밭에서 토마토를 땄습니다. 기훈이는 $2\dfrac{8}{15}$ kg 을 땄고, 형미는 1.75kg 을 땄습니다. 기훈이는 형미보다 몇 kg 더 땄는지 분수로 나타내시오.

식: _____　답: _____ kg

27. 현주는 음료수를 오전에 1.9L, 오후에 $\dfrac{5}{6}$ L 마셨습니다. 오전과 오후에 마신 음료수 양의 차는 얼마인지 분수로 나타내시오.

식: _____　답: _____ L

28. 해진이는 간장이 $2\frac{11}{15}$ L 들어 있는 통에서 0.8L를 사용하였습니다. 남은 간장은 몇 L 인지 분수로 나타내시오.

식: _____   답: _____ L

29. 구슬이 들어 있는 상자가 있습니다. 이 상자의 무게를 재어보니 2.75kg 이었고, 상자만의 무게는 $\frac{1}{7}$ kg 이었습니다. 구슬의 무게는 몇 kg 인지 분수로 나타내시오.

식: _____   답: _____ kg

30. 민희는 아침에 약수를 $7\frac{2}{3}$ L 받아 왔습니다. 그 중 식구들이 0.5L를 마셨습니다. 남아 있는 약수의 양은 몇 L 인지 분수로 나타내시오.

식: _____   답: _____ L

5분 문장제　분수 · 소수의 덧셈과 뺄셈 (완성)

31. 지홍이는 미술 시간에 철사를 5.25m, 미정이는 $\frac{2}{3}$m 사용하였습니다. 지홍이는 미정이보다 철사를 몇 m 더 사용하였는지 분수로 나타내시오.

식: _____　　답: _____ m

32. 길이가 $10\frac{11}{12}$m인 끈 중에서 $\frac{5}{8}$m를 잘라 선물을 포장하는 데 사용하였습니다. 남은 끈은 몇 m입니까?

식: _____　　답: _____ m

33. 학교에서 약국까지는 $8\frac{7}{12}$km, 학교에서 문구점까지는 $\frac{2}{9}$km입니다. 학교에서 약국이 문구점보다 몇 km 더 멀리 있습니까?

식: _____　　답: _____ km

34. 소라의 몸무게는 $41\dfrac{5}{7}$ kg 이고, 정희의 몸무게는
38.25kg 입니다. 두 사람의 몸무게의 차를 분수로 나
타내시오.

식: _____ 답: _____ kg

35. 초콜릿이 4.75kg 이 있었는데 친구들과 $1\dfrac{7}{12}$ kg 만큼
을 먹었습니다. 남은 초콜릿은 몇 kg 인지 분수로 나타
내시오.

식: _____ 답: _____ kg

36. 현아는 물이 $3\dfrac{7}{12}$ L 들어 있는 물통에서 $1\dfrac{8}{15}$ L를 퍼
내 세수를 하였습니다. 물통에 남은 물은 몇 L 인지 소
수로 나타내시오.

식: _____ 답: _____ L

37. 약수터에서 헌곤이는 물을 $3\frac{7}{9}$ L, 기찬이는 $1\frac{1}{3}$ L 떠 왔습니다. 헌곤이는 기찬이보다 몇 L의 물을 더 떠왔습니까?

식: _____　　답: _____ L

38. 현정이는 딸기 $4\frac{5}{12}$ kg 중에서 $1\frac{7}{18}$ kg 을 먹었습니다. 남은 딸기는 몇 kg 입니까?

식: _____　　답: _____ kg

39. 연우는 집에서 학교까지 가는 데 $8\frac{1}{4}$ 분이 걸리고, 집 에서 놀이터까지 가는 데 $3\frac{4}{15}$ 분이 걸립니다. 집에서 학교까지 가는 것은 집에서 놀이터까지 가는 것보다 몇 분 몇 초 더 걸립니까?

식: _____　　답: ____ 분 ____ 초

40. 지훈이는 수학을 $3\dfrac{11}{15}$ 시간 동안 공부하고, 국어는 $2\dfrac{1}{6}$ 시간 공부하였습니다. 수학은 국어보다 몇 시간 몇 분 더 공부했습니까?

식: _____   답: _____ 시간 _____ 분

41. 길이가 $8\dfrac{11}{14}$ m인 나무 도막에서 $3\dfrac{5}{12}$ m를 잘라 울타리를 만들었습니다. 쓰고 남은 나무 도막은 몇 m입니까?

식: _____   답: _____ m

42. 태인이는 어제 우유를 3.75 L 마셨고, 오늘은 $1\dfrac{5}{18}$ L 마셨습니다. 어제는 오늘보다 몇 L의 우유를 더 마셨는지 분수로 나타내시오.

식: _____   답: _____ L

① 식 $\dfrac{1}{3} + \dfrac{5}{8} = \dfrac{23}{24}$ 답 $\dfrac{23}{24}$

② 식 $0.2 + \dfrac{2}{7} = \dfrac{17}{35}$ 답 $\dfrac{17}{35}$

③ 식 $0.3 + \dfrac{2}{7} = \dfrac{41}{70}$ 답 $\dfrac{41}{70}$

④ 식 $0.6 + \dfrac{5}{7} = 1\dfrac{11}{35}$ 답 $1\dfrac{11}{35}$

⑤ 식 $1.75 + \dfrac{5}{6} = 2\dfrac{7}{12}$ 답 $2\dfrac{7}{12}$

⑥ 식 $1.6 + 1\dfrac{1}{6} = 2\dfrac{23}{30}$ 답 $2\dfrac{23}{30}$

⑦ 식 $1.3 + 2\dfrac{3}{8} = 3\dfrac{27}{40}$ 답 $3\dfrac{27}{40}$

⑧ 식 $2.6 + \dfrac{2}{7} = 2\dfrac{31}{35}$ 답 $2\dfrac{31}{35}$

⑨ 식 $4\dfrac{4}{9} + 6\dfrac{1}{8} = 10\dfrac{41}{72}$ 답 $10\dfrac{41}{72}$

⑩ 식 $1.58 + 4\dfrac{21}{50} = 6$ 답 360분

⑪ 식 $2\dfrac{2}{7} + 2.4 = 4\dfrac{24}{35}$ 답 $4\dfrac{24}{35}$

⑫ 식 $3.7 + 1\dfrac{4}{7} = 5\dfrac{19}{70}$ 답 $5\dfrac{19}{70}$

⑬ 식 $1\dfrac{1}{3} + 1.6 = 2\dfrac{14}{15}$ 답 $2\dfrac{14}{15}$

⑭ 식 $2\dfrac{2}{3} + 1.2 = 3\dfrac{13}{15}$ 답 $3\dfrac{13}{15}$

⑮ 식 $1\dfrac{2}{7} + 1\dfrac{1}{4} = 2\dfrac{15}{28}$ 답 $2\dfrac{15}{28}$

⑯ 식 $3.25 + 5\dfrac{2}{3} = 8\dfrac{11}{12}$ 답 $8\dfrac{11}{12}$

⑰ 식 $1\dfrac{6}{15} + 1\dfrac{5}{12} = 2\dfrac{49}{60}$ 답 $2\dfrac{49}{60}$

⑱ 식 $1\dfrac{5}{12} + 1\dfrac{4}{9} = 2\dfrac{31}{36}$ 답 $2\dfrac{31}{36}$

⑲ 식 $1\dfrac{2}{9} + 2\dfrac{1}{6} = 3\dfrac{7}{18}$ 답 $3\dfrac{7}{18}$

⑳ 식 $1.25 + 4\dfrac{7}{15} = 5\dfrac{43}{60}$ 답 $5\dfrac{43}{60}$

㉑ 식 $1\frac{13}{28} + 1\frac{21}{56} = 2\frac{47}{56}$ 답 $2\frac{47}{56}$

㉜ 식 $10\frac{11}{12} - \frac{5}{8} = 10\frac{7}{24}$ 답 $10\frac{7}{24}$

㉒ 식 $2.74 + 1.76 = 4.5$ 답 $4\frac{1}{2}$

㉝ 식 $8\frac{7}{12} - \frac{2}{9} = 8\frac{13}{36}$ 답 $8\frac{13}{36}$

㉓ 식 $1 - \frac{3}{8} = \frac{5}{8}$ 답 $\frac{5}{8}$

㉞ 식 $41\frac{5}{7} - 38.25 = 3\frac{13}{28}$ 답 $3\frac{13}{28}$

㉔ 식 $1.5 - \frac{2}{5} = 1.1$ 답 1.1

㉟ 식 $4.75 - 1\frac{7}{12} = 3\frac{1}{6}$ 답 $3\frac{1}{6}$

㉕ 식 $\frac{6}{7} - 0.4 = \frac{16}{35}$ 답 $\frac{16}{35}$

㊱ 식 $3\frac{7}{12} - 1\frac{8}{15} = 2\frac{1}{20}$ 답 2.05

㉖ 식 $2\frac{8}{15} - 1.75 = \frac{47}{60}$ 답 $\frac{47}{60}$

㊲ 식 $3\frac{7}{9} - 1\frac{1}{3} = 2\frac{4}{9}$ 답 $2\frac{4}{9}$

㉗ 식 $1.9 - \frac{5}{6} = 1\frac{1}{15}$ 답 $1\frac{1}{15}$

㊳ 식 $4\frac{5}{12} - 1\frac{7}{18} = 3\frac{1}{36}$ 답 $3\frac{1}{36}$

㉘ 식 $2\frac{11}{15} - 0.8 = 1\frac{14}{15}$ 답 $1\frac{14}{15}$

㊴ 식 $8\frac{1}{4} - 3\frac{4}{15} = 4\frac{59}{60}$
답 4분 59초

㉙ 식 $2.75 - \frac{1}{7} = 2\frac{17}{28}$ 답 $2\frac{17}{28}$

㊵ 식 $3\frac{11}{15} - 2\frac{1}{6} = 1\frac{17}{30}$
답 1시간 34분

㉚ 식 $7\frac{2}{3} - 0.5 = 7\frac{1}{6}$ 답 $7\frac{1}{6}$

㊶ 식 $8\frac{11}{14} - 3\frac{5}{12} = 5\frac{31}{84}$ 답 $5\frac{31}{84}$

㉛ 식 $5.25 - \frac{2}{3} = 4\frac{7}{12}$ 답 $4\frac{7}{12}$

㊷ 식 $3.75 - 1\frac{5}{18} = 2\frac{17}{36}$ 답 $2\frac{17}{36}$